◆ 乡村产业振兴提质增效丛书 ◆

沂蒙农业品牌建设新成就

临沂市农业科学院组织编写

周绪元　主编

中国农业科学技术出版社

图书在版编目（CIP）数据

沂蒙农业品牌建设新成就/周绪元主编.—北京：中国农业科学技术出版社，2019.11

ISBN 978-7-5116-4523-4

Ⅰ.①沂… Ⅱ.①周… Ⅲ.①农产品—品牌战略—研究—临沂 Ⅳ.①F327.523

中国版本图书馆 CIP 数据核字（2019）第 261342 号

责 任 编 辑	褚　怡　白姗姗
责 任 校 对	马广洋
出 版 者	中国农业科学技术出版社
	北京市中关村南大街12号　　邮编：100081
电 　 　话	（010）82106638（编辑室）　（010）82109702（发行部）
	（010）82109709（读者服务部）
传 　 　真	（010）82106650
网 　 　址	http://www.castp.cn
经 销 者	各地新华书店
印 刷 者	北京地大天成文化发展有限公司
开 　 　本	880mm×1 230mm　1/32
印 　 　张	8.125
字 　 　数	226千字
版 　 　次	2019年11月第1版　　2019年11月第1次印刷
定 　 　价	68.00元

献给新中国成立70周年！

《沂蒙农业品牌建设新成就》
·············· 编写人员 ··············

主　　编　周绪元

副主编　冷　鹏　卢　勇　陈令军　张永涛

编　　者　周绪元　冷　鹏　卢　勇　陈令军

　　　　　张永涛　赵秀山　李　静　陈　军

　　　　　侯慧敏　张现增　周楷轩　付　晓

　　　　　谭善杰　毕彩虹　郭建业　孟庆六

　　　　　李正晓　孙玉莹　李　宵　孙梦姣

　　　　　徐广美　张　明　张　青　李全法

　　　　　王振华　马善江　李明华　崔恩庆

实施乡村振兴战略，是以习近平同志为核心的党中央顺应亿万农民对美好生活的向往，对"三农"工作作出的重大战略部署。打造乡村振兴齐鲁样板，是党中央赋予山东的光荣使命。临沂作为全国革命老区、传统农业大市，必须抓住机遇、高点定位、勇于担当、科学作为，全力争取在打造乡村振兴齐鲁样板中走在前列。

近年来，全市各级各部门自觉践行"两个维护"，大力弘扬沂蒙精神，立足本职，精准施策，优化服务，强力推进乡村振兴，做了大量富有成效的工作。其中，临沂市农业科学院围绕良种选育、种养技术研发、农产品精深加工、智慧农业推广及沂蒙特色资源保护与开发等领域，依托各类科技园区、优质农产品基地、骨干企业、农业科技平台，突破了多项关键技术，取得了一批原创性的重大科研成果，实施了一批重点农业科技研发项目，为全市乡村产业振兴作出了积极贡献。

在庆祝新中国成立70周年之际，临沂市农业科学院又对2000年以来取得的科研成果进行认真遴选，并与国内外先进农业技术集成配套，编纂出版《乡村产业振兴提质增效丛书》。该丛书凝聚了临沂农科人的大量心血，内容丰富、图文并茂、实用性强，这对于指导和推动农业转型升级、加快实施乡村振兴战略必将发挥重要作用。

乡村振兴，科技先行。希望临沂市农业科学院在推进"农业科技展翅行动"中再接再厉、再创辉煌，集中突破一批核心技术、创新应用一批科技成果、集成推广一批运营模式，全面提升农业科技创新水平。希望全市广大农业科技工作者不忘初心、牢记使命，聚焦创新、聚力科研，扎根农村、情系农业、服务农民，进一步为乡村振兴插上科技的翅膀。希望全市人民学丛书、用丛书，增强技能本领，投身"三农"事业，着力打造生产美产业强、生态美环境优、生活美家园好的具有沂蒙特色的"富春山居图"。

（中共临沂市委副书记、市长）

2019年7月29日

　　农业品牌化是农业现代化的核心标志和重要手段，已成为大势所趋。党中央、国务院历来高度重视农业品牌建设。习近平总书记、李克强总理多次做出重要指示和批示。连续多年的中央一号文件都对农业品牌建设做出部署安排。农业品牌化作为乡村振兴和农业新旧动能转换的重要抓手，对推动区域经济转型升级、供给侧结构性改革、农产品质量安全、一二三产业融合发展、乡村振兴，促进农民增收致富、提升区域经济竞争力作用越来越大。

　　中共临沂市委、市政府认识到位，思路超前，2009年提出，发挥沂蒙山生态产业资源和红色文化资源优势，打造沂蒙优质农产品概念，大力推进经营规模化、生产标准化、营销品牌化"三化"，主打"生态沂蒙山、优质农产品"整体品牌形象，创立了以整体品牌形象为统领、区域公用品牌为背书、企业产品品牌为主体的"三牌同创"模式，进而策划提出了"产自临沂"全域形象品牌，推动了全市农业品牌化进程，为全国农业品牌建设提供了可借鉴的经验。

　　为认真总结临沂市沂蒙优质农产品品牌建设经验，我们组织科研教学单位、政府管理部门、行业协会、生产经营企业等机构的有关人员，对临沂市农业品牌建设历程、工作措施、创新做法、品牌案例、研究成果进行了认真梳理、总结、提升，编写了这本《沂蒙农业品牌建设新成就》。全书分为沂蒙农产品品牌建设发展篇、沂蒙特色农产品区域产业品牌篇、沂蒙优质农产品企业产品品牌篇及沂蒙优质农产品品牌建设实践创新篇。本书既有理论性，又有实践性，注重实用性，可供农业品牌创建者、管理者、研究者参考。

　　本书编写过程中得到了临沂市优质农产品基地品牌建设办公室及部分区域产业品牌、企业产品品牌建设主体的大力支持，在此一并表示感谢！

　　由于编者水平有限，经验不足，错误及不当之处在所难免，恳请广大读者给予批评指正。

编　者

2019年9月

CONTENTS 目 录

第一篇　沂蒙农业品牌建设发展篇

　　临沂市素称沂蒙山区，位于山东省东南部，辖3个区9个县、2个国家级开发区、1个省级开发区和1个省级旅游度假区，157个乡镇、街道，3 990个行政村（居、社区），总人口1 124万，总面积1.72万平方千米。临沂历史悠久，已有2 500多年建城史，是书圣王羲之、智圣诸葛亮、算圣刘洪等历史名人的故里，是闻名遐迩的《孙子兵法》《孙膑兵法》竹简出土的地方。临沂是著名的革命老区，刘少奇、罗荣桓、徐向前、陈毅等老一辈无产阶级革命家曾在这里战斗、工作过，沂蒙人民踊跃拥军支前，为解放战争胜利做出了突出贡献，创造了伟大的"沂蒙精神"（图1-1、图1-2）。

　　近几年，临沂市成功创建了全国文明城市、全国双拥模范城市、中国优秀旅游城市、国家园林城市、国家环保模范城市、国家卫生城市、全国文化体制改革先进地区、中国城乡建设范例城市、全国社会治安综合治理工作先进市、中国市场名城、中国书法名城、中国温泉之城、中国物流之都、中国板材之都、国家森林城市、中国食品之都等荣誉称号。

　　临沂市地形复杂，平原、山区、丘陵各占1/3，现有耕地面积1 060万亩*，农业人口877.5万。市内植被覆盖率31.5%，气候宜人，农业、生物资源丰富，水资源充沛，交通便利、物流发达，自然生态条件良好，发展无公害、绿色、有机农产品等现代农业具有得天独厚的条件。全市培植了粮食、油料、蔬菜、果业、畜牧、中药材等特色优势产业，形成了"南部粮食蔬菜、北部林果蔬菜畜牧、西部林果药材、东部粮油果茶畜牧"优势特色产业发展格局。

---

　　*　1亩≈667平方米，1公顷=15亩。全书同

市委、市政府领导理念超前，自2008年以来就确定了高效农业发展要走农产品品牌化的路子，充分发挥良好的生态优势和"沂蒙"的知名度优势，以生产标准化、经营规模化、营销品牌化为抓手，着力打造"沂蒙优质农产品"这一特色概念，以品牌建设为引领，集中人力、物力、财力，大力扶持农业品牌建设主体，延长农产品产业链，拓宽营销网络，全力培育农业品牌，叫响了"生态沂蒙山、优质农产品"品牌，加快了农业发展方式转变，提高了农产品质量安全，增创了农业发展新优势，促进了农民持续增收。

图1-1　沂蒙山小调诞生地　　　　　图1-2　沂蒙精神

一、沂蒙优质农产品品牌发展概述

临沂市自2008年提出实施优质农产品基地品牌战略以来，始终以基地品牌为抓手，强力推进优质农产品基地品牌建设，通过抓宣传、定规划、搞示范、建基地、创品牌、拓市场、增投入，积极建设大基地、培育大品牌、开展大营销（图1-3）。政府、协会、企业三方合力，区域形象品牌、区域公用品牌、企业产品品牌"三牌同创"，基地载体、质量安全、文化创意、推介活动、市场开拓五环聚力，形成了具有临沂特色的品牌创建模式，产生了广泛影响，取得了显著成效。"生态沂蒙山、优质农产品"成为临沂靓丽的风景线，"产自临沂"市场影响力不断提高。

临沂市优质农产品基地品牌建设发展历程，大致经历了起步阶段、初创阶段、成长阶段、提升阶段4个阶段，每个阶段都有突出的标志、工作重点、工作成效（表1-1）。

图1-3　沂蒙农产品品牌建设模式在全国会议上交流

表1-1　临沂市优质农产品基地品牌建设发展历程

阶段	时间	阶段标志	工作重点	主要成效
起步阶段	2008—2009年	2008年10月11日印发临政发〔2008〕34号《关于加快优质农产品基地和品牌建设 推行出口农产品区域化管理的意见》	出口农产品基地建设	认识到基地品牌建设的重要性，提出了基地品牌发展的理念，出口农产品基地建设取得显著成绩
初创阶段	2010—2012年	2009年9月18日印发临发〔2009〕29号《关于加快建设沂蒙优质农产品基地 大力发展高效品牌农业的意见》	农产品基地建设及区域产业品牌建设	确立了基地品牌战略，大力推进以经营规模化、生产标准化、营销品牌化"三化"为主要内容的基地园区建设，开展农产品品牌捆绑宣传推介，基地建设与品牌创建相互促进
成长阶段	2013—2015年	2013年6月26日印发临政发〔2013〕18号《关于加快提升沂蒙优质农产品基地品牌建设水平 扩大"生态沂蒙山、优质农产品"品牌影响力的意见》	区域形象品牌、区域产业品牌、区域产品品牌"三牌"同创	明确了以品牌为统领，提高农产品质量安全水平，强化农产品品牌宣传推介，树立了整体形象，形成了农产品品牌建设的"临沂模式"

3

（续表）

阶段	时间	阶段标志	工作重点	主要成效
提升阶段	2016—2020年	2016年4月11日举行《临沂市农产品品牌发展战略》新闻发布会；2016年12月9日印发临政发〔2016〕29号《关于建设品牌农业强市的意见》	全域农业品牌化及品牌运营	开展了顶层设计，推出了"产自临沂"市域形象品牌，加大运营力度，开拓沂蒙优质农产品品牌市场，推动了全域农业品牌化

二、沂蒙优质农产品品牌发展的起步阶段

（一）阶段标志

2006年，由于日本全面实施"食品中农业化学品残留肯定列表制度"以及欧盟实施新的食品安全卫生法规等原因，我国出口食品和农产品被国外检出农药、兽药残留等问题时有发生，出口农产品不断遭到国外预警和通报。在国外通报的质量安全问题中，约有70%是农兽药残留、重金属残留等源头污染问题。2007年，山东省检验检疫局在安丘市探索实行出口农产品质量安全区域化管理，即在安丘市区域内，由政府主导并整合行政和检测资源，加强区域内农兽药综合管理，推行农产品标准化种植养殖、生产加工和监督管理，最终实现区域认证。2008年，山东省将出口农产品质量安全区域化管理模式向其他管理基础较好的县级区域推广。2008年4月，山东省农产品质量安全示范区建设现场会在安丘召开，将安丘市的做法概括为"安丘模式"并进行推广。

为贯彻落实山东省农产品质量安全示范区建设现场会精神，临沂市政府于2008年6月召开了"全市加强优质农产品基地和品牌建设推进出口农产品区域化管理工作会议"，全面部署优质农产品基地品牌建设和出口农产品区域化管理工作。2008年10月11日临沂市人民政府印发《临沂市人民政府关于加快优质农产品基地和品

牌建设推行出口农产品区域化管理的意见》（临政发〔2008〕34号）。明确了"依托沂蒙山区特色优势，建设沂蒙山优质农产品基地，加强优质农产品评选推介，叫响'沂蒙山'金字招牌"的发展思路，确定了"品牌+基地"的发展战略。

（二）建设目标

1. 优质农产品基地建设目标

到2010年，全市30%～35%的农产品实行标准化、规模化生产，名优农产品标准化生产基地总面积350万亩以上，其中创建省级名优农产品标准化生产基地25万亩以上；市级标准化畜禽养殖示范小区（场）370个，县区级标准化畜禽养殖示范小区（场）1 200个，全市优质肉蛋奶产量达到85万吨，占比达到60%以上；优质水产品生产基地40个、25万亩，占总养殖水面的60%，优质水产品产量8.5万吨；经济林标准化生产基地105个、255万亩。

2. 农产品品牌创建目标

到2010年，全市新创建省级名优农产品8～10个，省级名优林产品15个，中国名优农产品3～5个，中国名优林产品6个，中国名牌2～3个，全国免检产品5个，新认证农业"三品"70个、新增基地面积30万亩，新增国家地理标志保护产品3个，新注册商标300个以上。

3. 出口农产品区域化管理目标

到2010年，全市创建出口备案种植养殖基地面积50万亩，逐步实现出口蔬菜、水果原料100%来自备案基地，出口干坚果、籽仁类、植物源性调料、可兼做食品的植物源性中药材100%来自备案基地，出口水生动物、肉类100%来自出口备案养殖基地。

（三）工作重点

市委市政府把加强优质农产品基地品牌建设作为发展现代农业的战略举措，列入重要议事议程。采取了一系列措施，狠抓优质农产品基地品牌建设。

1. 各级高度重视，加强组织领导

市政府主要领导和分管领导亲自部署，多次深入农村、企业、基地进行调研，多次召开会议安排部署。2008年6月市政府召开了"全市加强优质农产品基地和品牌建设推进出口农产品区域化管理工作会议"，全面部署优质农产品基地品牌建设和出口农产品区域化管理工作。为了加强对这项工作的领导，市政府成立了以分管市长为组长，发改、财政、农业、林业、畜牧、渔业、检验检疫等29个有关部门负责人为成员的优质农产品基地建设和出口农产品区域化管理协调领导小组，设立了办公室，农业、林业、畜牧、渔业、进出口检疫局局长任办公室主任，并分别从上述5部门抽调业务骨干集中办公。各县区按照市里的要求，成立了组织领导机构和办事机构。

2. 认真制定规划，全面落实措施

根据市政府印发的临沂市人民政府《关于加快优质农产品基地和品牌建设 推行出口农产品区域化管理的意见》（临发〔2008〕34号），制定了《临沂市人民政府关于加强优质农产品基地和品牌建设推进出口农产品区域化管理的发展规划》。各县区和市基地建设协调领导小组成员单位按照市委、市政府的决策部署，扎实开展工作。市基地建设协调领导小组办公室成员单位多次召开会议，研究贯彻市领导指示精神，督促各县区落实工作措施。苍山县拿出10万元财政资金用于基地建设工作，已落实5万亩基地建设任务。沂水、沂南、河东等县区已将当年的任务指标分解落实到乡镇、村，并加强工作考核。

3. 落实配套政策，促进优质基地建设

各级通过制定优惠扶持政策、全面落实责任制等一系列措施，充分调动各地建设农产品生产基地的积极性。通过评选命名标准化基地等措施，促进农产品生产基地建设，市政府命名市级标准化生产基地88处、面积87.9万亩；通过实施无公害农产品行动计划、出口农产品"绿卡行动计划"等项目带动基地建设；按照产业

化、规模化、品牌化、优质化的要求，鼓励龙头企业和农村经济合
作组织，建立自己的农产品标准化基地。到2008年年底，市级以上
龙头企业达到316家，农村合作经济组织达到11 000多家，这些企
业和组织共建设优质农产品基地50多万亩，其中在检验检疫局备案
的出口基地199家，出口基地面积32万亩（图1-4至图1-6）。

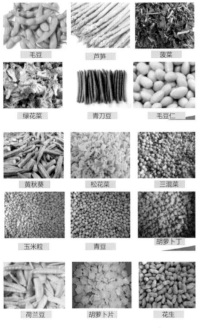

图1-4　苍山大蒜基地

图1-5　出口速冻蔬菜产品　　　图1-6　青果毛豆加工车间

4. 加强基地管理，确保产品质量

　　为确保基地产品的优质化，各级农业部门加强对基地管理和技
术指导，切实加强对农药、化肥等农业投入品的监管，积极开展优
质农资产品的规范配送，大力推广农业规范化生产技术，全面推行
了"一册、两书、三证"管理制度，对生产基地实行标准化生产，
规范化管理。鼓励科技人员到基地开展技术服务，指导农民按标准
规范生产，确保基地生产的农产品达到无公害以上的质量标准。

5. 开展农业"三品"和名优农产品的培育、认定和管理，加
   快农业品牌建设

为鼓励和引导农业"三品"认证，2008—2009年省、市财政
每年拿出200万元用于奖励、支持农业龙头企业和农村合作经济组
织等开展无公害农产品、绿色食品、有机食品的申报认证工作。
2008年新认证绿色食品、有机食品和无公害农产品122个，农业部
地理标志产品3个。到2009年年底，全市认证无公害农产品、绿色
食品、有机食品304个（其中无公害农产品101个、绿色食品166
个、有机食品37个），生产基地181.7万亩，年产量349.1万吨。为
加快推进临沂市农产品名牌发展战略，2008年市里组织评选、认
定了第二批50个"临沂市名优农产品"，并向社会进行广泛宣传推
介。同时市里还积极组织涉农企业和单位参加北京、青岛、寿光等
国际农产品展览展销会，广泛宣传推介临沂市名优特色农产品，提
升了临沂市农业品牌的知名度和市场占有率。

（四）工作成效

在市委、市政府的正确领导下，通过上下共同努力，优质农
产品基地品牌建设取得了初步成效。到2009年年底，全市已建成优
质农产品生产基地350万亩；优质水产品生产基地40个、25万亩，
其中认定无公害水产品标准化生产基地29处，面积11.6万亩；全市
经济林标准化生产基地100个、面积255万亩；规模化畜禽养殖小区
（场）发展到2 400个，其中市级标准化畜禽养殖示范小区（场）
321个。农产品注册商标数量达2 400多个，认证省级名牌农产品7
个。并培育了一批优质农产品基地典型。临沂现代农业科技示范园
生产的4亩有机韭菜以每斤（1斤=0.5千克，全书同）40港元打入香
港市场；河东同德有机农产品生产基地生产的有机白菜，卖出了40
元一棵的好价钱，销售近2 000箱；沂蒙丽珠有机大米卖到每斤10
元钱，共销售3 000多吨；蒙阴云蒙湖渔业公司销往北京市场优质
鲢鱼日均5 000千克，深受消费者欢迎（图1-7）。

图1-7　河东区获得全国出口农产品食品质量安全示范区

三、沂蒙优质农产品品牌发展的初创阶段

（一）阶段标志

2009年9月18日，市委、市政府在河东区召开加快沂蒙山优质农产品基地品牌建设工作会议，并出台了《关于加快建设沂蒙优质农产品基地　大力发展高效品牌农业的意见》（临发〔2009〕29号），提出了以"沂蒙优质农产品"为总体品牌形象，充分发挥临沂市独特的环境、资源、区位和产业优势，加强生态环境建设、农业基础设施建设、生产经营服务体系建设和农业标准体系建设，大力推进农产品品种优质化、生产标准化、经营规模化、产业特色化、产品品牌化，全面带动和提升农业整体素质及运行质量，促进农业和农村经济结构的战略性调整，实现农业增长方式由数量型、粗放型向质量型、高效型转变。标志着沂蒙优质农产品基地品牌建设进入了一个新阶段（图1-8）。

2010年7月在全市

图1-8　加快沂蒙山优质农产品基地品牌工作会议

优质农产品基地品牌现场观摩会上，提出了全市统一使用"沂蒙优质农产品"这一区域品牌形象概念，大力推进经营规模化、生产标准化、营销品牌化"三化"要求，主打"生态沂蒙山优质农产品"，设计了区域品牌标识。率先在全国对优质农产品整体品牌形象和企业品牌形象捆绑打包进行宣传，提升了临沂农产品品牌知名度（图1-9、图1-10）。

图1-9　全市基地品牌观摩交流会

图1-10　沂蒙优质农产品整体形象标识

　　在优质农产品生产基地建设方面，出台了临政办发〔2010〕57号《临沂市优质农产品基地建设和管理办法》，提出围绕"三化"（经营规模化、生产标准化、产品品牌化）要求，达到"十二有"标准，即有规模、有产业支撑、有龙头、有良种统供、有管理人员和技术人员、有技术规程、有速测仪器、有档案、有准入和准出制度、有标志牌、有认证、有品牌（图1-11）。

图1-11　沂蒙优质农产品基地标志牌

（二）建设目标

1. 做大做强基地

充分发挥特色优势，坚持基地建设与培育区域化优势产业相结合、与各类农业示范园区建设相结合、与农业基础设施和各类开发项目建设相结合，围绕具有地方特色和区域优势的主导产品、优势产品，完善布局规划，配套推进相关工作，全面推进优质农产品基地建设。重点做大做强做实以郯城、苍山、河东、沂水等为代表的优质专用小麦、玉米、稻米等商品粮生产和加工基地，以莒南、沂水、临沭、费县等为代表的优质花生生产和加工基地，以苍山、河东、沂南等为代表的优质蔬菜生产和加工基地，以蒙阴、沂水、平邑、费县、莒南、兰山等为代表的名优特色果茶、木本粮油生产和加工基地，以沂水、费县、沂南、蒙阴、平邑、临沭等为代表的优质烤烟生产基地，以平邑、郯城、蒙阴、费县等为代表的金银花、银杏、桔梗、丹参、黄芩等大宗中药材生产和加工基地，以临沭、郯城、莒南、河东等为代表的草柳编生产和加工基地，以罗庄、兰山、河东、郯城、费县、沂水等为代表的名优花卉生产基地，以沂水、莒南、沂南、平邑、费县、蒙阴、兰山、河东等为代表的优质畜产品生产和加工基地，以郯城、沂水、蒙阴、费县等为代表的名优特色渔业产品生产和加工基地。

到2012年，全市新增市级以上名优农产品标准化生产基地150万亩，累计达到500万亩以上，全市50%以上的农产品实行标准化、规模化生产，其中新增"三品"认证基地面积60万亩，累计达到260万亩；市级标准化畜禽养殖示范小区（场）500个，全市优质肉蛋奶产量达到70万吨，占比达到70%以上；优质水产品生产基地50个、27万亩，产量10万吨；经济林标准化生产基地185个、290万亩。全市建成"一乡一业"生产专业乡镇50个，"一村一品"专业村1 000个。适应农产品出口的有关规定，扩大备案农产品基地规模。2012年前，河东、临沭、苍山、莒南四县区要通过省政府出口农产品质量安全示范区验收。

2.着力打造品牌

统筹把握好培育创新与整合提升的关系，结合各类优质农产品基地建设，多方式、多渠道推进优质农产品品牌创建，大幅度增加品牌数量，提升品牌质量，加快推进由农业大市向农业品牌大市的转变。到2012年，全市新创建有较强市场影响力的优质农产品品牌150个，累计达到450个，其中每个县区要新创出10个以上有较强市场影响力的优质农产品品牌；新注册商标500个，累计达到2 900个；新认证"三品"（无公害农产品、绿色食品和有机农产品）150个，累计达到500个以上。立足各自特色优势，创建一批全国优质农产品生产基地县。

（三）工作重点

1.领导重视，政策扶持

临沂市是一个农业大市，农产品种类多、品质好、商品量大，但由于缺少知名度高的品牌，限制了经济效益的提高。临沂市委、市政府高瞻远瞩，适时提出了大力加强全市优质农产品基地和品牌建设、争创全国农产品质量安全放心市的目标，策划、打造"沂蒙优质农产品"这一区域品牌，抢占农产品市场制高点。

市委、市政府成立了由市长任组长、市委和市政府33个部门主要负责人为成员的优质农产品基地品牌创建工作领导小组，出台了《关于加快建设优质农产品基地建设大力发展高效品牌农业的意见》等一系列文件，在市农委设立了副县级行政单位市优质农产品基地品牌建设办公室。市委、市政府制定了发展规划，进一步完善工作制度和工作机制，将此项工作列入对县区科学发展综合考核的重要指标，每年召开多次现场观摩会、交流会，推动优质农产品基地品牌建设。

为确保抓出成效，市委、市政府加大对沂蒙优质农产品品牌发展的资金扶持。市财政在预算中设立了专项资金，出台了《临沂市优质农产品基地和品牌建设专项资金管理暂行办法》等文件。

2010—2012年，市财政就拿出4 260万元用于扶持沂蒙优质农产品基地建设、品牌广告宣传、沂蒙优质农产品专卖店奖励、"三品一标"认证奖励等。

2. 确定品牌优势定位

许多事实说明，在经济文化一体化的新形势下，一个好的创意和概念，可以激发出巨大的商机和财富。"沂蒙"是一个具有独特地理地貌特点和文化传承特征的地域概念。特别是随着"大美临沂"建设和《沂蒙六姐妹》《沂蒙》《蒙山沂水》等红色影视剧的公映热播，沂蒙品牌不断升温增值。在优质农产品基地品牌建设中，推介一个特色鲜明、富有魅力的"沂蒙"概念，可以给人以美好的印象和丰富的联想，产生显著的综合效应。临沂市借助良好的生态优势、丰富的农业资源优势、厚重的文化优势、承南接北的区位优势、发达的交通优势和"沂蒙"的知名美誉优势，突出"生态沂蒙山、优质农产品"这一主题，把"沂蒙优质农产品"这一概念打造好，叫响"沂蒙山山清水秀、农产品绿色天然"和"山好水好生态好、人好景好产品好"的口号，走出一条以品种、品质、品牌取胜的现代农业科学发展的新路。在商标注册、品牌创建、营销宣传等方面，要更加注重体现"沂蒙"地域和文化特色，不断强化和提升"沂蒙优质农产品"这一概念。

临沂市注重把沂蒙良好的生态环境和丰富的文化内涵融入基地品牌建设中，以文化的软实力强化优质农产品的"沂蒙特色"，提高了农字号品牌的文化魅力和市场竞争力。目前，临沂市共注册沂蒙特色品牌商标896件。其中，体现红色文化的"沂蒙""沂蒙老区""孟良崮""红嫂""六姐妹"等商标品牌714件；体现沂蒙地域特色的"沂蒙山""蒙山""沂州""沂河""兰陵""琅琊"等商标品牌93件；体现历史文化的"羲之""诸葛亮""算圣""王祥"等商标品牌89件。

3. 扩大品牌宣传

市委、市政府高度重视沂蒙优质农产品的媒体宣传，2010年下半年以来多次召开座谈会、研讨会，精心策划，出台了《沂蒙优质农产品宣传实施方案》，采取了灵活多样的宣传方式。

利用广播电视等媒体捆绑宣传，打造沂蒙优质农产品区域概念。以沂蒙优质农产品为总体品牌形象，将临沂市的地理标志农产品、地方优势产品区域品牌、企业和合作社品牌整合，捆绑打包、联合推介，在山东卫视18：30《山东新闻联播》前的黄金时段365天天天播出，每月一组，全年宣传品牌45个。同时，我们在山东人民广播电台新闻台投放了每天5次的黄金套播广告，宣传了临沂市知名度较高的9个区域品牌；与《中国果菜》杂志社联合编辑出版了《中国果菜·沂蒙优质农产品》专辑，在全国发行。在宣传中，充分挖掘沂蒙山生态资源优势和历史文化内涵，提升沂蒙优质农产品品位。通过电视、广播、报刊的广告宣传，沂蒙优质农产品知名度明显提高，沂蒙优质农产品区域概念初步形成。

举办沂蒙优质农产品十佳品牌和知名品牌评选表彰活动，营造品牌创建的舆论氛围。为增强企业和社会各界的品牌意识，加快培育在国内外有较大影响的沂蒙优质农产品品牌，市农委牵头，连续举办了三届沂蒙优质农产品十佳品牌和知名品牌评选表彰活动，每届评选出十佳品牌10个、知名品牌30个。为提高活动影响力，我们采取企业自愿报名、县区或市行业协会推荐、公众投票、专家评审、领导审定等环节，并举办隆重颁奖晚会。颁奖晚会由市农委与广播电视台联合举办，邀请市委、市政府领导参加，聘请国内著名农业节目主持人主持，扩大品牌影响，拉近优质农产品与消费者的距离。品牌评选表彰活动社会效果良好，实现了企业、消费者、政府三满意（图1-12至图1-14）。

图1-12　首届沂蒙优质农产品
十佳品牌颁奖晚会

图1-13 临港春秋杯品牌农业在
沂蒙颁奖晚会

图1-14 山东卫视沂蒙优质农产品
品牌广告宣传

4.加强营销推介

积极参加国内外农产品展会活动，扩大沂蒙优质农产品的影响力。临沂市十分注重借助全国、全省的农产品博览会、交易会等展会，大力宣传推介沂蒙优质农产品。2011年，先后组织150余家企业分别参加了香港国际食品展暨山东名优农产品香港精品展、第九届中国国际农产品交易会、中国绿色食品2011年广州博览会、第二届全国"农校对接"洽谈会等国内外展会，均取得了良好效果，仅第九届中国国际农产品交易会就签订合同3 250万元，达成合作意向金额2.6亿元。2011年11月11—13日借中国北方糖酒副食品博览会在临沂举办的机遇，组织了2011年沂蒙优质农产品精品展（图1-15），82个企业近百个品牌500余种农产品首次集体亮相，展区独立设置，凸显了沂蒙优质农产品区域品牌形象，市民争相选购优质农产品，客商洽谈签约踊跃，引起了轰动。

建立沂蒙优质农产品专卖店（专柜），加快沂蒙优质农产品进大城市大超市、进旅游景点宾馆的步伐。为树立沂蒙优质农产品形象，开拓沂蒙优质农产品销售市场，采取以企

图1-15 沂蒙优质农产品精品展

业为主导、政府引导扶持的方式，在大城市、大超市、旅游景点和宾馆建立优质农产品专卖店（专柜）。市里制定了《沂蒙优质农产品专卖店（专柜）管理办法（试行）》，实行统一标识、统一店面设计、统一产品、统一管理等。采取先在临沂市内建立专卖店（专柜），摸索经验，逐步向市外发展的路子；景区和宾馆重点在3A级以上景区、三星级以上宾馆设立。对按要求设置的沂蒙优质农产品专卖店和超市专柜由市财政分别给予2万～3万元和0.5万～1万元的奖励。到目前，已在临沂市内及济南、青岛、淄博等地建立沂蒙优质农产品专卖店（专柜）30余个（图1-16、图1-17）。专卖店（专柜）的设立，扩大了沂蒙优质农产品的影响，沂蒙优质农产品生产企业与消费者搭建了平台，实现了沂蒙优质农产品的优质优价。

图1-16 沂蒙优质农产品济南旗舰店开业　图1-17 三益有机蔬菜专柜

5.举办农业节会

各县区重视"节庆农业"，把农业品牌建设与旅游、文化相结合，举办各种类型优势区域农产品文化节。如河东区的草莓节、沂州海棠节，莒南县大店草莓节（图1-18），蒙阴县、兰山区的桃花节，平邑县的金银花节，临港区的樱桃节等，各具特色、异彩纷呈，效果很好。河东沂州海棠节，2009年4月成功举办了首届沂州海棠节，到今年已举办四届，沂州海棠的知名度不断提高，销售量大幅增加高，且价格不断攀升，产品也远销到港澳及东南亚周边国家和地区。沂州海棠节于2011年被人民日报社、中华节庆研究会等四家单位评为"中国十大品牌节庆"。

图1-18　莒南大店草莓节

6. 重视"三品一标"认证

临沂市注重调动企业积极性，鼓励优势农产品、区域公用农产品申请认证。市政府与市财政局联合制定下发了《临沂市优质农产品基地品牌专项资金管理暂行办法》，规定凡是当年首次获得认证的地理标志农产品、有机农产品、绿色食品、无公害农产品，每宗由市财政分别给予奖励4万元、3万元、2万元、1万元，加快了"三品一标"认证步伐。2011年仅地理标志农产品就新认证13个。到2011年年底，临沂市"三品"有效认证达到582宗，认证产品983个（其中，无公害农产品有效认证138宗、产品169个，绿色食品有效认证305宗、产品407个，有机产品和有机转换产品111宗、产品379个），地理标志农产品达到28宗，位居全省、全国前列。

（四）工作成效

到2012年12月底，全市优质农产品基地面积累计达到547.3万亩，优质林产品基地247.5万亩，优质畜禽小区3 105个，优质水产品基地26.8万亩，现代农业观光园区220个；"三品一标"认证产品1 282个；注册商标3 071个，有较强市场竞争力的农产品品牌205个。市委、市政府确定的2010—2012年3年规划目标已全面超额完成。优质农产品基地规模迅速扩大，经营规模化、生产标准化、营销品牌化水平逐步提高，形成了一批优质农产品产业集群，"生态沂蒙山、优质农产品"区域品牌形象初步树立，为今后优质农产品基地品牌建设奠定了良好的基础（图1-19至图1-21）。

图1-19　孙祖小米基地

图1-20　效峰杏鲍菇工厂化生产基地　　　　图1-21　沂南环保养鸭基地

四、沂蒙优质农产品品牌发展的成长阶段

（一）阶段标志

　　经过2008—2012年的起步阶段、初创阶段，临沂市优质农产品基地规模迅速膨胀，生产标准化、经营规模化、营销品牌化水平不断提高，农产品安全监管网络、监测体系不断健全完善，"生态沂蒙山、优质农产品"区域品牌在全国有一定影响。但是，仍存在单体基地规模普遍偏小，多数基地建设标准不高，农产品品牌多而杂，知名度高、影响力大的品牌少。为全面贯彻落实党的十八大和中央、省、市一号文件关于统筹城乡、"四化同步"的部署要求，加快推进农产品质量安全放心市建设，促进沂蒙优质农产品基地品牌建设再上新台阶，推动农业持续增产、农民持续增收，临沂市政

府于2013年6月出台《关于加快提升沂蒙优质农产品基地品牌建设水平　扩大"生态沂蒙山、优质农产品"品牌影响力的意见》,加快推进农产品质量安全放心市建设,促进沂蒙优质农产品基地品牌建设再上新台阶,推动农业持续增产、农民持续增收。

（二）建设目标

到2015年,全市优质农产品基地品牌建设实现跨越提升,重点区域和优势产业得到率先发展,基地规模进一步扩大,"三化"水平明显提高,园区化进程有序推进,品牌影响力逐步增强,优质农产品营销网络不断完善,农产品质量安全水平稳步提升,农民收入持续增加。主要指标为:全市特色优势农产品"三化"率达到60%以上,新建或改建优质农产品产业园区200个,培育有较大影响力的区域公用品牌30个、企业产品旗舰品牌60个,在国内主销城市设立沂蒙优质农产品专卖店、旗舰店,蔬菜、果茶、肉、蛋、奶、鱼等食用农产品质量安全例行监测整体合格率稳定在98%以上,农民人均纯收入达到1万元以上。

（三）工作重点

1. 树立园区化导向,建设优质农产品产业园区

优质农产品产业园区是指按照现代农业发展的要求建设,具有产业特色鲜明、科技含量较高、物质装备先进、运行机制灵活、综合效益显著等特点,具备生产、加工、休闲观光、物流配送等多种功能的特色优势农产品基地园区。为加快优质农产品产业园区建设,市里出台了优质农产品基地园区化的指导意见,在原来优质农产品基地"十二有"标准的基础上,提出了"六高"要求（"三化"水平高、设施水平高、科技水平高、管理水平高、功能配套水平高、质量安全水平高）。

一是优质农产品产业园区应紧紧围绕"六高"要求（"三化"水平高、设施水平高、科技水平高、管理水平高、功能配套水平高、质量安全水平高）进行建设,规划布局合理,生产要素集聚。

要坚持从当地实际出发，突出区域优势产业和特色产品，科学确定园区发展方向。通过园区示范，促进当地特色优势主导产业发展，提升区域农业生产水平，带动农民增收致富。

二是优质农产品产业园区"三化"率达到100%。在规模化方面，农业园区设施栽培500亩以上、露地栽培2 000亩以上；林业园区2 000亩以上；畜牧园区50亩以上；渔业园区200亩以上。园区可以由若干个单体基地组成，但必须有一个企业或合作社投资建设的核心基地，投资额300万元以上，各单体基地要集中连片、统一规划。在标准化方面，园区要实行统一技术标准、统一产品标准、统一追溯体系，产品要达到安全农产品标准，并通过无公害农产品、绿色食品、有机农产品认证。在品牌化方面，园区要有注册商标，产品全部采用分级、包装、品牌营销。

三是优质农产品产业园区应具有先进的设施装备。充分利用现代科学技术发展成果，高标准合理配套现代农业生产设施、配备与其相适应的先进机械、器材等，在生产作业、商品化处理、储藏加工、环境控制、流通设施、产品质量安全检验检测和服务管理等方面处于先进水平。对蔬菜园区、茶叶园区、果树园区、花卉苗木园区、畜牧园区、渔业园区提出了具体要求。

四是优质农产品产业园区应强化科技支撑，采用高新技术。园区应有较强的技术依托，具备良好的技术转化和培训、推广能力，能够广泛采用新品种、新技术、新材料、新工艺、新设施、新设备。园区主要从业人员经过职业技能培训，有若干名科技人员或大学生创业，各产业区块责任农技人员到位、工作任务量化到人。全面实行标准化种植养殖和质量管理制度，标准化技术应用率95%以上。对种植业类园区、养殖业类园区分别提出了要求。

五是优质农产品产业园区应运作机制先进，建设管理水平高。园区要有明确的建设主体，采用现代管理模式，规模经营水平较高，园区内土地流转率50%以上，或主导产业专业化统一服务（统一投入品、统一标准、统一加工、统一品牌、统一销售）达

80%以上。园区内龙头企业、合作社、专业种养大户实行产加销联动，形成紧密的利益联结机制，订单生产实现100%。在确保主导产业生产功能的基础上，园区的休闲、观光、文化、生态、科教等功能得以合理开发与利用。

六是优质农产品产业园区应做到基础设施、市场体系、服务体系完善。园区基础设施方面，集中整合各方面力量，要素配置向园区倾斜，搭建园区发展平台，进行水、土、路、电及设施设备等综合配套建设，达到园区内外道路畅通，能够满足生产、营销及示范等方面需要，机耕道布局合理，能满足农业机械作业田间转场需要；各区块沟渠路等农田基本建设和基础设施配套合理、排灌方便、水电设施配套、便捷安全。完善农产品市场体系，园区产品要和超市、大型市场、农产品营销及加工企业有效对接，有完善的营销网络，有较强的产业支撑能力。要建立覆盖园区的技术推广、疫病防控、质量监测、信息服务为一体的公共服务中心，强化园区服务功能建设。

七是优质农产品生产园区应建立农产品质量追溯体系，健全完善生产记录，设立农残速测室，实行准入、准出制度，确保园区农产品质量安全合格率达到100%。

八是优质农产品产业园区应综合效益显著，示范带动作用明显。园区土地产出率、资源利用率、劳动生产率明显提高，带动当地农产品"三化率"逐年提升（图1-22、图1-23）。

图1-22　优质苹果产业园区　　图1-23　上海菜篮子工程
苍山绿叶菜基地园区

2. 以扶持为手段，培育基地品牌经营主体

重点在培育农业龙头企业、农民合作社、种养大户、家庭农场上下功夫。充分发挥龙头企业资金实力雄厚的优势，实行优质农产品基地建设、科研开发、生产加工、营销服务一体化，做大做强优势产业。进一步合理配置生产要素，优化区域布局，引进、扶持、壮大龙头企业，发挥其辐射带动作用，进一步延长产业链，提高农产品加工水平。积极搭建平台，继续组织、引导农户兴办合作社，走专业化经营之路，鼓励合作社统一提供新品种、生产技术、市场信息和品牌营销服务等。做好家庭农场培育工作，探索建立家庭农场等注册登记制度，适度发展家庭农场，提高土地集约化水平。在加快推进土地承包经营权确权登记工作的基础上，坚持"依法、自愿、有偿"的原则，建立健全规范有序的土地流转机制，引导农民以转包、出租、互换、转让、股份合作、托管等多种形式流转土地。引导土地优先向龙头企业、合作组织、家庭农场、种养大户流转，大力推广"公司+农民合作组织+农户"的经营模式，通过订单农业、股份合作、保护价收购等多种方式，吸引更多农民结成"利益共享、风险共担"的利益共同体，自愿把更多土地集中连片、规模经营。引导土地优先向优质农产品基地流转，实行连片开发建设，扩大基地规模，充分发挥规模效益。以"一廊一带一板块"（沂沭河沿岸高效生态特色农业长廊、环蒙山林果和中药材产业带、临郯苍粮食优质高产板块）建设为重点，科学制定发展规划，强化技术服务，出台优惠政策，鼓励企业投资建设优质农产品生产基地，切实加快基地建设步伐。重点建设一批单体面积2 000亩以上的优质农产品露地生产基地、单体1 000亩以上的设施生产示范基地，辐射带动优质农产品基地连片发展。

3. 加强农产品质量安全监管体系建设，保障农产品质量安全

临沂作为一个农产品生产和销售大市，农产品品种多、数量大，农产品质量安全工作任务重、压力大，特别是农产品基地品牌建设正处在规范发展、提档升级的关键时期，市政府特别重视做好

农产品质量安全监管工作。针对农产品质量安全监管工作存在的农产品质量安全执法队伍力量不足，农药市场监管和使用管理有待加强，农产品质量安全检测机构建设滞后，个别农产品生产企业、基地、批发市场、超市检测设备不全，技术人员力量不足等薄弱环节，加快建立健全农产品质量安全监管检测体系，全面加强农产品质量安全行政执法、基层监管、质量检测工作已成为当前临沂市各级各有关部门一项刻不容缓的重要任务。市政府于2013年6月26日出台了《关于建立健全农产品质量安全监管检测体系的实施意见》（临政发〔2013〕19号）。

一是完善农产品行政综合执法体系。根据《中华人民共和国农业法》《中华人民共和国农产品质量安全法》等法律、规章的规定，按照"机构法定化、队伍专职化、手段现代化、管理正规化"的要求，组建专业精干高效的监管人员队伍，提供经费保障，建立市县统一、检打联动、联防联控的农业综合执法体系，实现对农业投入品使用、基地生产环境、生产者依法经营等农产品质量安全环节的有效监管。2013年年底，市、县区设立农业行政综合执法机构全部组建，其中市级农业行政综合执法支队规格为正科级，编制15名；县级农业行政综合执法大队规格为副科级、编制不少于10名。市级农业行政综合执法支队负责统一指导全市农业行政执法工作，依法对违反农业法律法规的行为和案件进行查处、对危害农产品质量安全违法行为进行打击。县级农业行政综合执法大队要严格落实农业投入品市场准入制度，规范农资尤其是农药市场经营秩序，着力强化源头管理，查处农产品质量安全案件，保障农产品质量安全。乡镇农业公共服务机构。按照强化公益性职能、增强公共服务为核心的要求，明确3~5名农产品质量安全监管人员编制，建立健全农业技术推广、动植物疫病防控、农产品质量监管"三位一体"的乡镇农业公共服务机构，建设运行高效、服务到位、支撑有力、农民满意的乡镇农业公共服务队伍。村级配备农产品质量安全监管（信息）员。村级处在保障农产品质量安全和生态安全的最前沿阵地，2013年年底，临沂市在山东省率先配齐了每村1名村级农产品质量安全监管（信息）员全市所有行政村农产品质量安全监管（信息）员，由市、县、乡镇财政分别给予每月100元补助，重点加强村级农产品质量安全生产经营活动的思想宣传、教育引导、巡查巡防，严把农产品生产的起始环节，确保农产品生产源头不出问题。

二是健全农业投入品动态监管体系。坚持"整治与建设并举"的工作方针，全面构建农资现代流通、监管责任和群众监督体系，加快形成规范有序、监督有效、诚信经营的农资市场环境。合理布局农药经营网点。工商管理部门会同农业部门对农药经营网点进行全面清查，对无照经营、超范围经营和不符合经营资质要求的，坚决依法取缔。在清查摸底的基础上，按照统一规划、因地制宜、有利管理、方便群众的原则，精简网点总量、提高经营门槛、规范销售使用，根据农业产业布局，科学合理设置农药经营网点，并实行动态控制、规范管理。规范农资经营主体。按照《危险化学品安全管理条例》《农药管理条例》等法律法规规定，坚持先证后照，安监部门核发经营许可，农业部门审查经营条件，工商部门发放营业执照，严把农资特别是农药经营主体准入关。全面落实监管责任。农业部门牵头协调和督查农资监管情况，依法监管农药、化肥、种子、饲料、兽药等农资产品的生产和使用。工商部门负责农资生产经营主体清理工作，重点推行"二账二票一卡一书"制度，建立生产经营档案和台账，实现产品质量可追溯管理。质监部门负责农资生产环节质量监测和定期抽检。供销部门发挥农资经营主渠道作用，抓好农资连锁经营和诚信体系建设。实施群众监督服务。广泛公开12315、12316等农资投诉举报电话，以及网上投诉举报电子信箱，畅通举报渠道。对投诉举报农资领域违法犯罪行为的有功人员进行奖励。充分运用临沂农业信息网，深入开展放心农资下乡活动，推广先进适用、质量可靠、安全标准优质的农资产品。

三是构建农产品标准化生产实施体系。坚持"政府大力推动、市场正确引导、龙头企业带动、农民积极实施"的方针，按照

"有标贯标、无标制标、缺标补标"的原则，尽快建立结构合理的
农业标准体系，建立健全以标准化生产示范推广为基础的农业标准
化实施体系。加快农民专业合作社建设。按照现代农业制度的要
求，本着"政府引导、农户为主、多方参与、多样合作、自愿组
合、民主管理"的思路，坚持一手抓发展、一手促规范，切实提高
合作社辐射带动能力，同时依托合作社，加强对农户安全用药知识
的培训，杜绝违规滥用禁限用农药的行为。同时，抓好优质农产品
基地建设。按照经营规模化、生产标准化、营销品牌化的要求，科
学规划布局，发展主导产业，继续扎实推进优质农产品基地建设，
引导、带动农户科学种田、规模发展、安全用药，打远叫响"生态
沂蒙山、优质农产品"区域品牌，积极培育国内外知名农产品品
牌，努力提高农业综合效益，促进农民增收。加大对农户培训力
度。以县区为单位对农药批发商、经销大户进行有计划的培训，以
乡镇为单位对一般经销业户和果农、菜农，以杜绝滥用禁限用农药
为重点，每年分3～4期进行农产品质量安全知识培训，提高经销户
合法经营和农户安全用药的意识，切实提高全市农产品质量安全水
平（图1-24、图1-25）。

图1-24　蒙阴蜜桃品牌产品　　　　图1-25　金锣冷鲜肉品牌产品

　　四是完善农产品质量检测体系。合理界定各级农产品质量安
全检验检测机构的工作重点、检测功能，建立布局科学、职能明
确、功能健全、运行高效的农产品质量安全检验检测体系。加快推

进县级农产品质量检测中心建设。已建成的要按时通过省级验收，正在建设的要尽快完成投资建设内容，12个县区争取全部通过机构认证和计量认证，做到市县农产品检测机构全覆盖。加强乡镇农产品质量速测站建设。配置速测设备和即时上传监控系统，积极开展例行检验检测，跟踪服务，动态管理，有效提高乡镇农产品质量安全的检验检测能力。2013年年底前，全市农业乡镇全部建立速测站。加快推进农产品生产企业、基地、批发市场、超市、农贸市场速测室建设。拓宽资金筹集渠道，配备速检速测设备，建立完善生产基地检测制度，规范操作规程，建立农产品追溯制度，引导农民积极开展自产农产品检测，分类建立检测档案，有效杜绝不合格农产品流出或流入市场。同时，充分利用农业、质监、药监等各部门、各行业现有的检测机构和设施，整合资源，优化配置，实现资源共享，信息互通。加强检测能力建设，全面提升检测能力和技术水平，逐步做到应检能检、应检全检，利用两年的时间，建立起以市级检测机构为中心，县级检测机构为骨干，乡镇速测站为支撑，基地市场速测室为基础，运行高效、参数齐全、支撑有力、全程监控的农产品质检体系。

4.大力培育优质农产品，提升沂蒙优质农产品品牌化水平

一是统筹区域形象品牌、公用品牌、企业产品品牌发展，打造国内外有影响力的农产品产业集群。围绕"生态沂蒙山、优质农产品"这一主题，在沂蒙优质农产品区域概念的引领下，培育一批强势的企业农产品品牌，支撑一批强势的农产品区域公用品牌，进一步提升特色鲜明、富有魅力的"沂蒙优质农产品"区域形象品牌。每个区域公用农产品品牌中，重点培育2~3个在国内同类产品中质量处于领先地位、市场占有率和知名度居行业前列、消费者满意程度高、经济效益好、有较强市场竞争力的企业产品旗舰品牌。

二是搞好质量、文化、管理的有机融合，创建具有自主知识产权的有影响力品牌。将文化元素有效地融入品牌，不断提高产品质量，切实加强品牌管理，并将三者有机融合，鼓励企业、合作社

创建具有自主知识产权的有影响力品牌。要进一步加强对农产品品牌设计、品牌认知、品牌定位、品牌传播、品牌维护等各项工作的指导，引导企业和合作组织增强品牌意识，帮助企业、合作社及时注册农产品商标，开展"三品"认证和国家地理标志认证，提升和推介品牌，扩大品牌效应。

三是集中政府、企业、协会各方力量，加快推进品牌跨越提升。进一步协调政府和行业主管部门、协会、企业以及合作社之间关系，做到相互配合，各司其职，形成高效的品牌建设机制。搞好品牌的规划引导，加大政策扶持力度，进一步加大沂蒙优质农产品整体品牌形象、区域公用品牌和企业知名品牌的宣传推介力度。继续做好电视、广播、报刊的广告宣传，扩大广告宣传区域，在全国叫响"生态沂蒙山、优质农产品"品牌。鼓励、扶持龙头企业和合作社参加全国知名的农产品展销会，组织好每年的沂蒙优质农产品精品展活动。鼓励协会充分发挥其联系面广、跨行业跨部门的优势，积极协助政府在品牌产品标准制定、品牌管理等方面提供指导，强化区域农产品品牌的开发、宣传推介和保护。

5.以市场为导向，创建影响力的沂蒙优质农产品品牌

有影响力的农产品品牌是指通过品牌策划、宣传推介、市场营销等措施，获得"中国驰名商标""中国名牌产品""山东省著名商标""山东省名牌产品""中国农产品区域公用品牌百强品牌""沂蒙优质农产品十佳品牌"等称号或"三品一标"认证证书、形成较大影响力的农产品品牌。包括沂蒙优质农产品区域形象品牌（"生态沂蒙山、优质农产品"）、特色优势农产品区域公用品牌、企业产品品牌。

为做好有影响力的农产品品牌创建，临沂市制定了有影响力的农产品品牌标准，确定了创建品牌名单，采取行之有效的措施开展了创建工作。

一是制定了有影响力的沂蒙优质农产品品牌标准。沂蒙优质农产品区域形象品牌创建标准：依托沂蒙优质农产品良好的内在质量、丰富的文化元素，通过各类新闻媒体宣传广告、沂蒙优质农产品擂台赛、节庆活动，以及展会、推介会、专卖店等多种形式宣传推介，不断增强"生态沂蒙山、优质农产品"的品牌影响力和市场美誉度，在全国打响"生态沂蒙山、优质农产品"品牌。有影响力的沂蒙优质农产品区域公用品牌创建标准：挖掘具有区域特色、历史文化内涵、产品特质的农产品进行品牌培育，逐步将其提升为特色鲜明、特质突出、市场影响力大、形成产业集群、品牌知名度高的区域公用品牌，并获得省以上品牌荣誉。有影响力的沂蒙优质农产品企业产品品牌创建标准：具有自主知识产权的注册商标，质量在国内同类产品中处于领先地位、市场占有率及品牌知名度居行业前列、消费者满意程度高、经济效益好，并获得省以上品牌荣誉。

二是层层筛选，评审确定了有影响力的沂蒙优质农产品品牌创建名单（表1-2，图1-26、图1-27）。

表1-2　2013—2015年全市重点培育的沂蒙优质农产品品牌名单

县区	区域公用品牌		企业产品品牌	
	品牌名称	建设主体	品牌名称	建设主体
兰山区	孝河藕 方城西瓜	兰山区文德孝河白莲藕种植农民专业合作社 兰山区方城镇绿农瓜菜农民专业合作社	金锣 三和 兰旗 沂蒙春	临沂新程金锣肉制品集团有限公司 兰山区清春蔬菜种植农民专业合作社 兰山区兰旗花卉种植农民专业合作社 临沂市沂蒙春茶叶有限公司
罗庄区	沙沟芋头 塘崖贡米	罗庄区册山沙沟芋头协会 罗庄区农业局	江泉 效峰菌业 沂蒙丽珠 高都 亿康亿农	临沂江泉肉制品有限公司 山东效峰生物科技股份有限公司 临沂大源生物科技有限公司 临沂东开蔬菜有限公司 临沂亿农农业发展有限公司
河东区	河东脱水蔬菜 沂州海棠 八湖莲藕	河东区农业局 河东区金盛海棠种植专业合作社 河东区玉湖莲藕种植专业合作社	大林 赛博特 三益 同德 老渔翁	临沂大林食品有限公司 山东省赛博特食品有限公司 山东三益农业科技发展有限公司 临沂同德农业科技开发有限公司 临沂老渔翁食品有限公司

28

（续表）

县区	区域公用品牌		企业产品品牌	
	品牌名称	建设主体	品牌名称	建设主体
郯城县	郯城稻米（含姜湖贡米）郯城银杏（含新村银杏）郯城草莓	郯城县农业局郯城县银杏产业发展中心郯城县农业局	姜湖老神树丰翠和良恒平晶如玉	临沂市姜湖贡米米业有限公司郯城县华银银杏开发有限责任公司山东丰和有机农业有限公司郯城县恒平渔业农民专业合作社郯南农场
苍山县	苍山蔬菜（含苍山大蒜、苍山牛蒡、长城辣椒）	苍山县农业局	汇河越洋抱犊人家沂蒙会宝山凯冠双营	山东新天地现代农业开发有限公司苍山县越洋食品有限公司苍山县抱犊人家林果专业合作社苍山县会宝山生态产业合作社苍山县凯冠蔬菜产销专业合作社苍山县双营食品有限公司
莒南县	莒南花生莒南板栗大店草莓	莒南县花生产业发展办公室莒南县果茶技术推广中心莒南县农学会	玉皇合伙绿润金胜嘉世通金龙湖玉剑	山东玉皇粮油食品有限公司山东金豆子花生制品有限公司山东绿润食品有限公司莒南县金胜粮油实业有限公司山东嘉世通粮油制品有限公司临沂金龙湖茶业有限公司临沂市玉芽茶业有限公司
沂水县	绿色沂品（含沂水苹果、沂水生姜、跋山芹菜、沂水大樱桃、沂水环保猪）	沂水县农业局	万德大地沂蒙山沂强昱兴源明富蒙山龙雾小豆馆	山东万德大地有机食品有限公司沂水恒源食用菌专业合作社沂水县永强蔬菜有限责任公司临沂昱兴源肉制品有限公司山东明富食品有限公司山东蒙山龙雾茶业有限公司山东世纪春食品有限公司
蒙阴县	蒙阴蜜桃蒙阴苹果蒙山蜂蜜沂蒙长毛兔蒙山全蝎	蒙阴县果业协会蒙阴县果业协会蒙阴县蜂业协会蒙阴县文友家禽养殖专业合作社山东蒙山全蝎研究所	山蒙野毛沂蒙湖巩氏蒙园六姐妹	蒙阴县宗路果品专业合作社蒙阴云蒙渔业有限公司蒙阴县巩氏蜜蜂园有限公司蒙阴深山蜜坊蜂业有限公司山东沂蒙六姐妹食品有限公司

（续表）

县区	区域公用品牌		企业产品品牌	
	品牌名称	建设主体	品牌名称	建设主体
平邑县	平邑果品罐头（含武台黄桃、天宝山山楂、天宝山黄梨）平邑金银花蒙山黑山羊	平邑县农业局山东省金银花协会平邑县蒙山鹰窝峰畜禽养殖专业合作社	康发蒙山鹰窝峰蒙水九间棚沂蒙人家	临沂市康发食品饮料有限公司临沂市蒙山鹰窝峰食品有限公司山东玉泉食品有限公司平邑县九间棚农业科技园有限公司山东沂蒙人家食品有限公司
费县	费县核桃（含芍药山核桃）蒙山板栗费县山楂胡阳西红柿	费县绿缘核桃种植专业合作社费县薛庄镇板栗协会费县红山前山楂种植专业合作社费县胡阳镇金阳西红柿种植专业合作社	沂蒙小调豆黄金天程泉鑫三祝蒙禾	费县沂蒙小调特色食品有限公司临沂京宝食品有限公司山东天程栗业有限公司费县泉鑫养鱼专业合作社费县祝家庄春谷种植专业合作社费县蒙禾特色食品有限公司
沂南县	沂南肉鸭沂南黄瓜双堠西瓜孙祖小米	临沂市万香斋食品有限公司沂南县鲁中蔬菜有限公司沂南县双堠西瓜种植专业合作社沂南县孙祖小米种植专业合作社	泉润（林府）孙祖耿府葛氏农庄隆威南泉诸葛亮南栗沟	山东泉润食品有限公司临沂千荟工艺品有限公司沂南县天浩桑叶有限公司沂南县鲁中蔬菜有限公司临沂市隆威农业生产资料有限公司沂南县诸葛茶叶种植专业合作社沂南县栗沟绿豆种植专业合作社
临沭县	临沭柳编临沭花生	临沭县柳编商会临沭县植保站	金柳袁春山亿众基堂沂蒙绿源宏兴青云山	临沂金柳工艺品有限公司临沭县春山茶场临沭县尚润种植专业合作社临沭县基堂商贸有限公司临沭县蒙香花生油有限公司临沭县宏兴蛋鸡养殖合作社
高新区	磊石桂花	临沂高新区磊石桂花协会	益膳房丰之坊穆康巴乐氏	临沂格瑞食品有限公司临沂乐丰食品有限公司临沂市穆康清真食品有限公司临沂亿牛达奶业发展有限公司
经济区	醋庄葡萄	临沂经济技术开发区农林畜牧机械局	御口甜琼浆果	临沂经济技术开发区鑫惠葡萄种植专业合作联社临沭县绿云果菜种植专业合作社

（续表）

县区	区域公用品牌		企业产品品牌	
	品牌名称	建设主体	品牌名称	建设主体
临港区蒙山旅游区	临港蓝莓	临沂博海蓝莓开发有限公司	临港春秋 厉家寨 KINGLAND	山东沂蒙绿茶叶有限公司 临沂临港经济开发区樱桃协会 山东金典坚果食品有限公司
			颐养蒙山 蒙山万寿宫	蒙山旅游集团农业综合开发有限公司 蒙山旅游区万寿宫茶怡园有限公司
市直	临沂生猪(含沂蒙黑猪、莒南生猪) 临沂大银鱼(含马髻山大银鱼) 沂蒙绿茶(含莒南绿茶、沂水绿茶、临沭绿茶、临港绿茶) 蒙山沂水小杂粮	临沂市生猪产销协会 临沂市大银鱼合作社 临沂市果茶技术推广服务中心 临沂市有机农产品协会	沂蒙绿源	山东沂蒙优质农产品交易中心
合计	40		80	

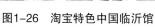

图1-26　淘宝特色中国临沂馆

图1-27　1号店蒙阴馆

三是加大宣传推广力度，不断提高沂蒙优质农产品知名度和品牌影响力。在媒体宣传方面，市财政每年预算安排1 000万元用

31

于沂蒙优质农产品品牌广告宣传，在适当电视台和山东人民广播电台打包捆绑宣传沂蒙优质农产品品牌，2013年在央视一套投放了5秒钟的沂蒙优质农产品整体品牌形象宣传广告，主打"生态沂蒙山，优质农产品"，社会反响很好。同时，在高铁列车及报刊上进行了宣传，都取得了良好效果。在市场推广方面，继续推进沂蒙优质农产品进大城市、大超市，重点抓好主销城市沂蒙优质农产品旗舰店建设及沂蒙优质农产品直供北京社区直通车，进一步扩大沂蒙优质农产品的销售和品牌影响。大力推广了"龙头企业（合作组织+基地+品牌+超市）"以及专卖店、专柜、配送卡等模式，在北京、上海、济南、青岛等国内主销城市设立专卖店、旗舰店，实现沂蒙优质农产品进高端市场的目标。精心组织开展了一年一届的沂蒙优质农产品交易会，规模逐年扩大；积极组织参加国内外农产品博览会、交易会、洽谈会等，不断扩大品牌知名度，提高品牌美誉度（图1-28至图1-32）。

图1-28　沂蒙优质农产品网站

图1-29　品牌农业在沂蒙电视栏目

图1-30　央视一套广告宣传

图1-31　凤凰网
临沂品牌农业专题

图1-32　首届兰陵菜博会会场

（四）工作成效

2013年12月总结提出了"三牌同创"的农产品品牌建设临沂模式：以整体品牌形象（生态沂蒙山优质农产品）为统领、区域公用品牌为背书、企业产品品牌为主体"三牌同创"，政府、协会、企业协同配合"三方合力"，用基地载体创建品牌、用质量安全保护品牌、用文化创意包装品牌、用推介活动提升品牌、用市场开拓壮大品牌等多措并举"五环聚力"。

对于"三牌同创"的农产品品牌建设临沂模式，各级领导和媒体给予了充分肯定和报道。主要有：2014年6月17日，大众日报发表了《生态沂蒙山、优质农产品》；2014年8月，山东省农业专家顾问团陈希玉写出报告，陆懋增团长向时任省委书记姜异康提报呈阅件。时任省委书记姜异康、省长郭树清、副书记王军民、副省长赵润田分别做了批示；2014年12月，山东省农业厅印发鲁农市信字〔2014〕8号文件《山东省农业厅关于在全省推广临沂市发展品牌农业经验的通知》；2014年6月，凤凰网推介临沂市农业品牌建设的做法和经验，誉为山东农业品牌建设的样本、农业品牌建设的临沂模式；2014年9月23日，农业部农产品质量安全中心在成都举办全国农产品地理标志品牌建设培训班，临沂市作为唯一典型作了《临沂市沂蒙优质农产品品牌建设成效与主要做法》的经验介绍；2015年2月12日，《国际商报》发表了"探究农业品牌化的"临沂模式"；2015年3月18日，中国农业新闻网品牌农业频道刊登《三牌同创三方合力五环聚力　农产品品牌建设"临沂模式"》；2015年3月31日，《农民日报》头版刊登长篇报道"临沂品牌农业五指攥成拳"；2015年7月21日，临沂市在山东省农产品品牌宣传启动仪式上做典型发言；2015年11月14日，新华社记者到临沂市进行采访，在中国政府网刊登了《山东临沂探索"品牌农业"新模式》；2016年1月22日，《农民日报》头版头条以《"图腾"脉动沂蒙山——山东省临沂市推进品牌农业发展观察》为题，专题报道了临沂市品牌农业建设情况（图1-33）；2016年3月14日，经济网刊登长篇报道《品牌农业的"临沂样本"》。

　　至2015年年底，全市优质农产品基地面积达到574.82万亩，优质农产品产业园区达到203个；蔬菜、食用菌、果品、茶叶等菜篮子产品的"三化率"达到53%。同时，产业聚集度也越来越高。以农业品牌建设为依托，各县区都形成了自己的拳头产业。莒南成为全国最大的优质花生生产基地、商品基地和出口贸易集散地；蒙阴成为全国最大的蜜桃基地；沂南成为全国鸭业第一县；苍山蔬菜、平邑罐头、费县板栗、郯城银杏、临沭柳编、河东脱水蔬菜、沂水生姜等产业规模稳步扩大，成为全国具有较高知名度的产业聚集地。一个特色鲜明、富有魅力的沂蒙优质农产品区域品牌概念深入人

图1-33　农民日报"图腾"
脉动沂蒙山

心，沂蒙优质农产品的知名度、美誉度提高，树立了沂蒙优质农产品品牌形象。"生态沂蒙山优质农产品"在全国叫响，重点培育了"苍山蔬菜""莒南花生""郯城银杏""费县核桃""蒙阴蜜桃""平邑金银花""金锣"冷鲜肉、"孙祖"有机小米等农产品区域公用品牌42个、有影响力的企业产品品牌98个。

五、沂蒙优质农产品品牌发展的提升阶段

（一）阶段标志

2016年4月11日临沂市政府在兰陵县举行《临沂市农产品品牌发展战略》新闻发布会，隆重推出了"产自临沂"区域公用品牌；2016年12月9日市政府出台了《关于建设品牌农业强市的意见》（临政发〔2016〕29号）。以习近平总书记"推动中国产品向中国品牌转变"重要指示精神为指引，坚持以德务农的发展理念，以"生态沂蒙山　优质农产品"为主题，以塑造临沂农产品整体品牌形象为引领，大力推进农产品品牌建设，全面提升质量标准、基地建设和农产品生产加工水平，培育"产自临沂"区域公用品牌和企业产品品牌，构建品牌农产品营销体系，推动农业产业转型升级，带动农业增效、农民增收。

"产自临沂"这一背书名称，是苍山大蒜、苍山辣椒、蒙阴蜜桃、平邑金银花、沂南黄瓜、莒南花生、费县核桃等不同品类、属性、特征农产品的最大共同点，可以充分发挥临沂农产品自然禀赋优势与品质优势，挖掘出临沂农产文脉，提升临沂农产品公用背书品牌价值，有利于创塑更具价值感、应用性的临沂农产品公用品牌形象，有利于创新临沂农产品品牌创建助推平台，为临沂各县区的农产品区域公用品牌和企业产品品牌成长提供更有力支持。同时，"产自临沂"还具有3个突出功能：一是成为临沂各县区农产品之间的天然纽带；二是成为各个农产品的产地备注，可为区域公用品牌和企业产品提供产地价值背书，为营销活动提供主题；三是与

各区域公用品牌或企业产品品牌共同构成临沂的品牌名片组合，有效推介临沂城市形象。

推出"产自临沂"区域形象品牌，目的是通过"产自临沂"价值背书，更好地发挥临沂农产品自然禀赋优势与品质优势，挖掘临沂农产品文脉，在全国率先提出了"大德务农"的理念，提升临沂农产品品牌价值，助力临沂各县区的农产品区域公用品牌和企业产品品牌成长，为进一步打响打远"生态沂蒙山 优质农产品"品牌提供有力支撑（图1-34、图1-35）。

图1-34 产自临沂品牌发布会　　图1-35 产自临沂品牌
　　　　　　　　　　　　　　　　　　　　　LOGO

（二）建设目标

1.建立健全品牌农业基础体系

农产品质量检测和追溯体系不断完善。全市农产品监测合格率保持在98%以上；优质农产品基地和园区实现标准化生产、规模化经营、品牌化营销；到2020年，全市无公害、绿色、有机食品比重达60%以上。

2.培育一批区域公用品牌和企业产品品牌

依托粮油、蔬菜、果品、茶叶、烤烟、林业、畜产品、水产品等优势产业，培育一批特色鲜明、质量稳定、信誉良好、市场占有率高的品牌农产品，构建整体品牌为龙头，区域公用品牌和企业产品品牌为主体的临沂农产品品牌体系。到2020年，培育100个在全市有认可度的农业品牌，100个在全省有知名度的农业品牌，20个在全国有影响力的农业品牌，培育品牌价值过100亿元的品牌2个、过10亿元的品牌20个，培育知名区域公用品牌10个。地理标志农产品数量增加6个。

3.形成农产品品牌培育、发展和保护体系

建立和完善农产品品牌创建认定、品牌运营、宣传集成、质量监管、效果评估、人才培养的管理和培育机制。企业自我保护、行业联合保护、司法行政保护"三位一体"品牌保护体系进一步完善；动态监管机制、保护制度基本形成。

4.建立实体店与网店相结合的品牌农产品营销体系

通过自建或利用国内外知名电子商务平台，筹建品牌农产品网上商城，覆盖全市主要品牌农产品的网上销售。同时，按照"统一规划、统一形象、统一推介"的原则，在有基础的上海、北京等地设立集展示、销售、电商和品牌宣传为一体的临沂农产品展示展销中心。

（三）工作重点

1.成立临沂市优质农产品产销协会

市优质农产品产销协会以促进临沂优质农产品销售为宗旨，旨在加强临沂市优质农产品产销平台建设，促进临沂优质农产品资源整合。通过品牌规划建立品牌使用规范，整合渠道、电商等平台资源，通过专业化的机构运作，实现捆绑经营和抱团发展。

按照《中华人民共和国商标法》《图形商标、证明商标注册和管理办法》以及《产自临沂图形商标管理实施细则》等有关法规政策和办法，经企业申请、组织评审，确定授权临沂市菜缘食品有限公司的"沙沟香油"牌产品等108家企业（表1-3）使用"产自临沂"品牌商标；授权东都商城为"产自临沂"临沂运营中心、百蒂凯农业发展有限公司为"产自临沂"上海运营中心并使用"产自

临沂"品牌产品开展相关经营活动。

表1-3 首批"产自临沂"商标授权使用企业名单

序号	区县	企业	品牌产品
1		临沂市菜缘食品有限公司	沙沟香油
2		临沂富春食品有限公司	富春食品
3		临沂市兰山区清春蔬菜种植农民专业合作社	清春蔬菜种植
4		临沂市兰山区禾雨农机服务农民专业合作社	禾雨农机服务
5		临沂市兰山区联农植保农民专业合作联合社	联农植保
6	兰山区 （11家）	临沂市兰山区喜四方果蔬种植农民专业合作社	喜四方果蔬种植
7		山东四喜国际贸易有限公司	四喜国际贸易
8		山东省北美大地农业科技有限公司	北美大地
9		山东汇金现代农业科技有限公司	汇金现代农业
10		临沂市兰山区金土地林果种植合作社	金土地林果种植
11		山东昊林农业旅游开发有限公司	昊林农业旅游
12		山东成长动力食品有限公司	成长动力
13		山东效峰生物科技	效峰
14		山东龙润食品有限公司	龙润食品
15		临沂市罗庄区蒙源斋八宝豆豉厂	蒙源斋八宝豆豉
16	罗庄区 （10家）	山东沂州府酒业有限公司	沂州府酒
17		山东征途商贸有限公司	佳田宝宝
18		罗庄区爱利种植专业合作社	爱利种植
19		临沂市罗庄区嘉盛农场	嘉盛农场
20		山东东都食品有限公司	东都食品
21		临沂市罗庄区东都种植合作社	不老梅系列
22	河东区 （12家）	临沂大宋食品有限公司	大宋食品
23		天一果蔬种植专业合作社	天一果蔬

（续表）

序号	区县	企业	品牌产品
24		河东区珍林园蔬菜种植合作社	珍林园蔬菜种植
25		临沂市河东区信实家庭农场	信实家庭农场
26		临沂市河东区四季春农作物种植专业合作社	四季春农作物
27		河东区丰川蔬菜专业合作社	丰川蔬菜
28	河东区	河东区盈收果蔬合作社	盈收果蔬
29	（12家）	河东区万丰苗木花卉种植合作社	万丰苗木花卉
30		山东庆德农业科技服务有限公司	庆德农业科技
31		临沂市河东区卉坤家庭农场	卉坤家庭农场
32		河东区玉莲果蔬种植专业合作社	玉莲果蔬种植
33		河东区凤进果树种植专业合作社	凤进果树种植
34	郯城县	郯城县华银银杏开发有限公司	华银银杏
35	（3家）	临沂市姜湖贡米米业有限公司	姜湖贡米
36		郯城县美时莲食品有限公司	美时莲
37	兰陵县	兰陵县平阳蔬菜产销专业合作社	平阳蔬菜
38	（3家）	兰陵县家瑞种植专业合作社	家瑞种植
39		兰陵县平阳蔬菜产销专业合作社	平阳蔬菜
40		山东玉皇粮油食品有限公司	玉皇粮油
41		莒南和信食品有限公司	和信食品
42		莒南县正大花生加工厂	莒南正大
43	莒南县	莒南县壹加壹农产品种植专业合作社	壹加壹农产品
44	（10家）	山东金胜粮油集团有限公司	金胜花生油
45		莒南县茂太家庭农场	茂太家庭农场
46		莒南县粮田果蔬种植合作社	粮田果蔬种植
47		莒南县宽宽家庭农场有限公司	宽宽家庭

（续表）

序号	区县	企业	品牌产品
48	莒南县	莒南石莲子大森林金蝉种植合作社	大森林金蝉
49	（10家）	莒南县吉山果品专业合作社	吉山果品
50		山东康柏食品有限公司	康柏食品
51		青援食品有限公司	青援
52		山东博信食品科技	博信
53		山东大仓食品股份有限公司	大仓
54		沂水正喜农副产品有限公司	正喜
55	沂水县	山东沂蒙山酒业有限公司	沂蒙山酒水
56	（13家）	马奇（山东）食品有限公司	马奇(山东)食品
57		沂水县鑫农种植专业合作社	鑫农种植
58		沂水县新时代果品专业合作社	新时代果品
59		沂水峙密河旅游开发有限公司	峙密河旅游
60		沂水县农兴果品产销专业合作社	农兴果品产销
61		沂蒙风情峙	沂蒙风情峙
62		沂水县诚慧农产品专业合作社	诚慧农产品
63		蒙阴边家风味食品有限公司	边家
64		山东蒙山酿酒有限公司	蒙山酿酒
65	蒙阴县	山东蒙甜蜂业有限公司	沂蒙花香
66	（6家）	蒙阴县中誉食品有限公司	中誉
67		蒙阴新富民果品专业合作社	新富民果品
68		山东汇诚农业开发有限公司	汇诚农业
69		山东玉泉食品有限公司	蒙水罐头
70	平邑县（3家）	平邑县鲁蒙茶业专业合作社	鲁蒙茶叶
71		平邑县瑞丰养殖有限公司	瑞丰养殖

（续表）

序号	区县	企业	品牌产品
72		山东柱子山农业科技发展有限公司	柱子山
73		山东豆黄金食品有限公司	豆黄金
74		山东省费县沂蒙小调特色食品有限公司	沂蒙小调
75		费县蒙禾特色食品有限公司	蒙禾食品
76		费县林昌果树种植合作社	林昌果树
77	费县（11家）	费县文江果蔬种植专业合作社	费县文江果蔬种植专业合作社
78		费县郗国春现代农业发展有限公司	郗国春现代农业
79		费县薛庄镇禾丰瓜菜种植专业合作社	费县薛庄镇禾丰瓜菜种植
80		费县明宇果蔬种植专业合作社	明宇果蔬种植
81		费县鑫鑫西红柿种植专业合作社	鑫鑫西红柿
82		山东五牛农业科技股份有限公司	五牛农业
83		山东大庄烧鸡有限公司	大庄烧鸡
84		临沂沂南长虹食品公司	长虹食品
85		沂南县智圣家庭农场	智圣农场
86		沂南县宝寿小米种植专业合作社	宝寿小米
87		沂南县天诺桑业有限公司	天诺桑业
88	沂南县（16家）	山东迪雀食品有限公司	迪雀食品
89		临沂华宇食品有限公司	华宇食品
90		沂南县鲁润果蔬种植专业合作社	鲁润果蔬种植
91		临沂阳都竹泉农业开发有限公司	阳都竹泉农业
92		山东引领果业有限公司	引领果业
93		沂南县家家乐蔬菜种植有限公司	家家乐蔬菜

（续表）

序号	区县	企业	品牌产品
94		沂南县鑫民花生种植专业合作社	鑫民花生
95		沂南县春峰蔬菜种植专业合作社	春峰蔬菜
96	沂南县（16家）	沂南县孔明花生种植合作社	孔明花生
97		临沂润霖农业开发有限公司	润霖农业
98		山东鲁中农牧发展股份有限公司	鲁中农牧
99		临沭县蒙香花生油有限公司	蒙香花生油
100	临沭县（4家）	临沭春山茶厂	春山茶厂
101		山东行政总厨食品有限公司	行政总厨
102		临沭县开心种植农场	开心种植农场
103		山东朱老大食品有限公司	朱老大水饺
104	经开区（4家）	临沂市经济技术开发区心歌家庭农场	心歌家庭农场
105		临沂经济技术开发区鑫果葡萄种植专业合作社	鑫果葡萄种植
106		临沂经济技术开发区鑫惠葡萄种植专业合作联社	鑫惠葡萄种植
107	高新区（2家）	山东丰之坊农业科技有限公司	丰之坊
108		临沂格瑞食品有限公司	益膳房

2. 建立运营机构，加大宣传营销力度

成立"产自临沂"优质农产品运营中心及上海运营分中心。作为服务和支持临沂优质农产品品牌运营和市场拓展的专业机构，为临沂优质农产品的抱团发展提供有力支持，进一步向全国推介"产自临沂"品牌。"产自临沂"上海运营中心作为临沂农产品和上海市民对接的纽带，探索了临沂优质农产品品牌提升和捆绑营销经验，巩固和扩大了"产自临沂"品牌在上海及长三角市场的知名度和市场占有率。组织宣传营销活动，强力推介"产自临沂"品牌。先后组织参加了"产自临沂"百家农产品上海推介活动、中国糖酒会系列活动、上海农博会活动、淄博特产食品交易会、临沂食品交易会等活动，提高了"产自临沂"市场占有率（图1-36至图1-39）。

图1-36　"产自临沂"
授权书

图1-37　"产自临沂"上海招商会会

图1-38　"产自临沂"
初恋草莓发布会

图1-39　"产自临沂"黄桃品鉴会

3.强势推出"产自临沂"三大新业态

2018年通过品牌提升，价值提炼，"产自临沂"品牌发展进入了新的阶段，逐步摸索到了与市场结合的新路子、新模式，建立了"产自临沂"邻里生活、"产自临沂"新市集、"产自临沂"店中店三大业态。"产自临沂"邻里生活店主要面向CBD、社区等，以便利店的方式全面推介"产自临沂"品牌。"产自临沂"新市集主要面向农产品综合批发市场，通过基地与市场直接对接，建立品牌农产品市场新渠道。"产自临沂"店中店主要是在中高端超市设立产自临沂店中店，通过超市渠道全力推介农产品。三大业态模式相互依存，互为发展，共同组成了"产自临沂"品牌发展框架。聘请专业设计机构，高起点设计"产自临沂"品牌形象。聘请深圳木马设计公司，就"产自临沂"品牌形象提升、三大业态模式等进行综合提升。目前三大业态都已经开业，"产自临沂"以全新的品牌形象精彩亮相。同时，抓认证、抓检测、抓追溯。三大业态所有进驻产品全都是已认证、已检测、可追溯的产品，与专业追溯机构合作，共同成立"临沂市优质农产品追溯监管"平台，所有产品一品一码。同时，高标准设立农产品检测站，保证所有农产品为无公害、无农残（图1-40至图1-43）。

图1-40 "产自临沂"邻里生活店

图1-41 "产自临沂"市集店

图1-42 "产自临沂"店中店

图1-43 "产自临沂"社区便民店

4.开展沂蒙优质农产品品牌建设研究工作

临沂市农业科学院自2016年开展沂蒙优质农产品区域公用品牌构建及农业品牌化等方面的研究，组建了农业园区与农业品牌重点创新团队，承担了山东省科技厅下达的山东省重点研发计划"农业品牌化推动区域经济发展研究"，临沂市社会科学联合会下达的临沂市社会发展规划项目"沂蒙优质农产品区域公用品牌构建模式与开发利用研究""打响生态沂蒙山、优质农产品品牌研究""沂南黄瓜品牌价值挖掘及提升对策研究"等项目，先后获得中国商业联合会授予的全国商业科技进步一等奖1项、二等奖1项，中国农业资源与区划学会科学技术二等奖1项。农业园区与农业品牌重点创新团队首席专家周绪元同志获得由浙江大学CARD中国农业品牌研究中心及中国农业新闻网组织评选的2017年中国农业品牌建设学府奖个人贡献奖（图1-44至图1-47）。

图1-44　沂蒙优质农产品区域品牌研究获奖

图1-45　区域农业品牌化的实践创新研究获奖

图1-46　农业品牌化推动区域经济发展研究获奖

图1-47　中国农业品牌建设学府奖

5.加强合作交流，加快共同提升

2018年12月20日，以"新时代品牌强农助力乡村振兴"为主题的"2018中国区域农业发展论坛暨中国区域农业品牌发展联盟成立仪式"在临沂举办。该活动由中国品牌建设促进会指导，《中国品牌》杂志社和临沂市人民政府主办。会上，来自国家部委的领导、高校、科研单位、管理部门的专家共论区域农业品牌发展之道，形成区域农业品牌发展共识。临沂市与南平市、绥化市、巴彦淖尔市、重庆市城口县、济宁市等政府联合发起成立了中国区域农业品牌发展联盟，临沂市被推选为首届轮值理事长单位，这是我国首个全国性的区域农业品牌发展合作平台。中国区域农业品牌研究中心发布了2018中国区域农业品牌发展年度报告，包括2018中国区域农业品牌年度新闻事件、2018中国区域农业品牌年度案例、2018中国区域农业品牌影响力排行榜，彰显了中国区域农业品牌发展的丰硕成果。会后，中国品牌媒体联盟还组织开展了"产自临沂"调研采访行活动，对于宣传临沂农业品牌建设，加强与全国各地交流起到了很好的效果（图1-48、图1-49）。

图1-48　中国区域农业品牌发展论坛

图1-49　中国区域农业品牌发展报告发布

（四）工作成效

到2019年8月，已有108个品牌农产品进入产自临沂品牌系列，"产自临沂"邻里生活店、新市集、店中店分别发展20家、5家、50家。

2018年12月，临沂市被中国轻工业联合会评为全国唯一的"中国食品之都"。苍山大蒜、莒南花生被列入首批100个中欧地理标志产品互认目录。

在2018年12月20日中国区域农业发展论坛上发布的中国区域农业品牌影响力排行榜上，临沂市有8个品牌进入百强，"产自临沂"进入区域农业形象品牌十强，莒南花生、苍山蔬菜、临沂草莓、平邑金银花、临沂沂蒙黑猪、临沭柳编、蒙山蜂蜜进入区域农业产业品牌行业十强，品牌总数居全国地级市之首。

第二篇　沂蒙特色农产品区域产业品牌篇

　　临沂市在沂蒙特色农产品区域产业品牌创建中，立足品种、品质、品位三大元素，挖掘特色品种资源，培育优良产品品质，提升产品品位，做好品牌科学定位、开展顶层策划，植入文化元素、讲好品牌故事，采用特色品种、提升产品质量，注重质量控制与质量认证，加强品牌宣传推介、做好市场营销开拓，搞好服务创新、坚守诚信经营等工作，不断提升区域农产品产业品牌价值，扩大品牌影响力。

　　近年来，临沂市已培育沂蒙特色农产品区域产业品牌50余个。本书选取了具有独特的自然环境、人文历史、生产传统、文化传承及特色的栽培技术或特殊品质，生产规模较大，注重顶层设计、品质管控、文化传播、推介营销、品牌管理、政策支持，市场美誉度高的23个获得地理标志农产品保护登记或地理标志商标注册的品牌案例进行介绍。

一、莒南花生

（一）品牌概况

　　莒南县位于鲁东南部，是全国最大的优质花生良种繁育基地、商品生产基地和出口贸易集散地，常年种植花生40万亩，总产15万吨以上，1996年被命名为"中国花生之乡"。

　　"莒南花生"于2010年4月通过国家地理标志认证（证书编号：AGI00272），2015年被农业部命名为首批国家级农产品地理标志示范样板。品牌持有单位为莒南县花生产业发展办公室。目前支撑企业主要有山东金胜粮油食品有限公司、山东玉皇粮油食品有限公司、山东兴泉油脂有限公司、山东绿地食品有限公司等。

近年来，莒南县大力实施品牌战略，重点培育了"金胜""玉皇""绿帝""鲁泉""嘉世通"等知名企业品牌，荣获中国驰名商标2个，中国著名品牌3个，山东省著名商标5个，山东省知名农产品企业品牌5个，共有市级以上相关产业龙头企业16家。2017年，"莒南花生"获国家地理标志证明商标，同年获欧盟认可，成为"中欧互认农产品地理标志"之一。在中国区域公用品牌价值专项评估中，"莒南花生"品牌价值达到16.56亿元。

（二）地标特点

"莒南花生"地标范围：东经118°33'～119°11'，北纬35°06'～35°24'，海拔为60～400米。主要涉及莒南县的朱芦、团林、坪上、文疃、涝坡、坊前、壮岗、洙边、相邸、相沟、板泉、石莲子、汀水、大店、十字路等18个乡镇，共计723个行政村。莒南县具有优越的自然生态资源和深厚的人文历史底蕴。地理位置优越，区位优势明显，属暖温带季风区半湿润大陆性气候，年平均气温12.5℃左右，年平均光照时间为2 450小时左右，年平均降水量850毫米左右，无霜期198天，土壤富含有机质，具有丰富的光、热、水资源，对发展花生产业非常有利。莒南花生富含蛋白质、油酸、磷脂、维生素E、维生素B等，品质优良，油酸/亚油酸比值高，荚果网纹清晰，籽仁色泽鲜艳，个大粒饱。

（三）发展情况

莒南县种植花生历史悠久。自光绪年间便引入大花生种植，从1955年起逐步引种、试验、培育、推广多个优良品种，先后自主培育了莒南1号出口专用大花生、科花1号出口专用特大果花生，其中科花一号通过山东省农作物品种审定委员会审定，填补了国内特大果品种的空白。莒南花生品质好，产量高。自1996年始，莒南县花生单产连续七年位居全国花生单产第一位或第二位，总产居全国油料百强县第二位。2018年由山东省农业科学院设计、莒南县农业局承担并组织实施的春花生单粒精播技术高产攻关试验，经省花生专家团队测产确认，亩产高达763.6千克，创全国花生最高单产纪录。全县先后开发富硒花生油、高油酸花生油、花生奶、花生肽等制品100多个品种，其中金胜、玉皇、兴泉等8个产品通过有机产品认证，丰盛、绿帝、兴泉等14个产品通过绿色食品认证，金胜、玉皇、兴泉3个产品通过无公害农产品认证，金胜、玉皇获得"山东老字号"称号。

莒南县年加工销售花生120万吨，产值达96亿元，年出口量40万吨以上，居全国县级第一位，占全省的1/3、全市的97%，主要出口到亚洲、欧洲、北美等各大洲的40多个国家和地区，出口额3亿美元以上，是国家花生技术体系示范县、全国高产优质高效花生标准化示范区、全国20万亩绿色食品原料（花生）标准化生产基地、国家花生科技成果转化基地。莒南花生单产、加工量、创汇额在全国均名列前茅。

（四）建设经验

近几年，莒南县积极开展花生高产创建、花生单粒精播、花生无公害基地建设、花生有机食品基地建设、花生标准化种植及系列产品加工技术开发等工作，多次举办大型活动，承办了中国花生精英年会暨中国花生博览会、全国花生机械收获现场观摩会、山东省花生产业化研讨暨经验交流会、山东省花生产业化现场会、山东省花生生产经验交流会等多个高级别大型花生研讨、交流会议。组织金胜、玉皇、兴泉、绿地、嘉世通等花生加工企业参加了香港国际食品展、新加坡山东食品展、西班牙国际食品展、英国伦敦国际食品展等，不断拓展国际市场。2017年9月15—16日，由国家花生工程技术研究中心、中国粮油学会花生食品分会、山东农学会、莒南县花生加工行业协会主办的"首届莒南花生产业高峰会议"在莒南召开。2018年7月26—27日，中国农业科学院、山东省农业科学院协同创新花生节本增效绿色发展观摩研讨会暨两院花生绿色生产技术莒南示范基地揭牌仪式在莒南县举行。2019年8月4日，中国农业科学院、山东省农业科学院协同创新花生绿色发展现场观摩交流会在莒南召开。莒南花生产业的高质量发展受到了各级领导和专家的充分肯定（图2-1）。

图2-1　莒南花生

二、苍山大蒜

（一）品牌概况

苍山（2014年1月，原苍山县更名为兰陵县，作为国家地理标志产品"苍山大蒜"沿用至今）大蒜种植历史悠久，据《古今注》和《农政全书》考证：公元前119年，西汉张骞二次出使西域，从西域引进一种"胡蒜"，因其形态比我国原栽培的卵蒜头大，所以称为大蒜。据《后汉书》载，李恂原东汉章帝（公元76—88年）时代人士，由西北来山东任刺史，带进部分胡蒜种，后逐步向外扩种推广，进而引至苍山一带。据此推算，苍山大蒜栽培始于东汉初年，距今已有1 900多年的栽培历史。

清朝乾隆《郯城县志》记载，明朝万历年间，神山镇和庄一带，就已形成了大蒜集中产区。由此可知，苍山大蒜起源于西域，并由东汉李恂从中原引入到苍山，逐步形成蒜区。在蒜区的特定生态环境条件下，经过长期的自然选择和人工定向培育而形成了"苍山大蒜"。

（二）地标特点

独特的地理环境、优良的品种、先进的栽培技术和加工工艺造就了苍山大蒜独特的品质。据食用苍山大蒜的消费者评价："用蒜臼捣蒜，捣锤能把蒜臼黏起来"，形象地表现出了苍山大蒜的黏辣独特的品质。

苍山大蒜主要有糙蒜、蒲棵、高脚子3个主栽品种，是头、薹并重的品种，头、薹产量都较高，蒜头都具有头大瓣匀、皮薄洁白、黏辣郁香、营养丰富等特点。其中糙蒜为代表性品种，每头蒜4~6瓣，具有皮白、头大、瓣大、瓣少、瓣齐的特点；蒲棵为主栽品种，每头蒜一般4~8瓣，外皮薄、白色，瓣内皮稍呈紫红色；高脚子多为6~8瓣，瓣大、瓣高、瓣齐、皮白。

苍山大蒜品质优良，主要是富含维生素、氨基酸、蛋白质、大蒜素和碳水化合物。经农业部食品质量监督检验测试中心（济南）对苍山大蒜品质进行化验分析，含有丰富的有机营养成分与矿质营养元素，而且含量都比较高。苍山大蒜之所以品质优良，与其得天独厚的优越自然生态环境条件是分不开的，在其他地方引进苍山大蒜栽培的，无论是品质还是色泽都比不上在苍山栽培。

苍山大蒜药用价值较高，主要是其含有的大蒜素、蒜制菌素、大蒜油、锗、硒等元素高于其他同类产品，大蒜素、蒜制菌素等能降低人胃内的亚硝酸盐，具有较强的抗肿瘤作用。据调查统计，兰陵是长江以北10万人口以上县中胃癌发病率最低的一个，常食大蒜是主要原因之一。目前利用苍山大蒜已研制出多种高档药品。

苍山大蒜产区气候属暖温带季风区半湿润大陆性气候，四季分明，光照充足，极利大蒜生长。产区土壤有效养分的含量和微量元素的含量不仅高，而且养分全面，能够有效地供给大蒜的正常生长发育，直接影响单位面积产量的提高，同时也影响产品品质。经测试化验，重点蒜区地下水位高，土层下1.5~2米就有水。还有很多"肥水井"，如神山镇和庄井水中，含盐量高者达1 264.23毫克/升，水中还含较多的钙、镁及碳酸离子，特别是硝态氮含量较多，为36.55毫克/升。使用这些井水灌溉大蒜苗，有利于大蒜高产、优质。正如蒜农所说：碱水井种的蒜，产量高、蒜头大、品质好、黏度大、辣味重。

（三）发展现状

据调查考证，新中国成立前全县大蒜种植面积接近万亩，1974年达到2.11万亩，1980年达到4万亩，1993年达到18.89万亩，2005年突破25万亩，2016年达到了36万亩。年产蒜头29万吨，蒜薹21万吨，全县形成了芦柞、卞庄、王庄、吴坦、石良等8处大蒜交易市场，年交易量达到了25万吨，真正做到有场有市，使兰陵县成为鲁南、苏北重要的大蒜集散地。

全县拥有365家大蒜加工企业，345座恒温库，年储藏加工能力100多万吨。主要储藏保鲜蒜头、蒜薹，加工产品有蒜粉、蒜粒、蒜片、蒜油、黑蒜、蒜水饮料、蒜盐、蒜酱、蒜汁、白糖蒜、速冻蒜米、大蒜营养液、饲料添加剂预混剂等系列产品。

近年来，兰陵县蒜米脱皮加工产业发展迅速，年生产能力1 000吨以上的蒜米加工厂就有1 000多家，全县年生产蒜米100多万吨，占全国蒜米生产总量的30%以上。由于苍山大蒜多用于深加工，大多数脱皮蒜米加工的大蒜来自金乡、射阳等其他大蒜产区，生产的蒜米部分用于出口，其他销往全国各大蔬菜市场，形成了一套独特的蒜米购销体系。

苍山大蒜及加工产品销往全国各地，并出口日本、韩国、欧美、东南亚、澳大利亚、中东等50多个国家和地区。2016年全县大蒜及加工产品出口12万多吨，出口金额1亿多美元。经过多年的发展，"苍山大蒜"已走上了产加销、贸工农一体化的道路，创造了良好的经济效益和社会效益。

（四）建设经验

多年以来，苍山大蒜作为苍山特色的支柱产业之一，历届县委、县政府都高度重视，特别是我国加入WTO以后，国内外大蒜市场竞争日趋激烈，为此县委、县政府采取了有力措施，出台了一系列激励政策，提供了优良的投资环境和优惠的招商条件，加大了资金、科技的投入，苍山大蒜的标准化生产和系列产品的深加工，得到迅速发展。主要做法有：一是注重整体品牌形象引领，二是注重发挥企业合作社主体作用，三是注重打好蔬菜质量安全基础，四是注重利用兰陵菜博会及各种媒体进行宣传推介，五是注重借助运销优势开拓市场，六是注重一二三产业融合发展。

兰陵县被国家列为优质大蒜生产基地县、优质大蒜出口基地县。2014年，"苍山大蒜"获批农业部农产品地理标志登记认证。苍山大蒜及加工产品在1999年昆明世博会获银奖（图2-2）。

图2-2　苍山大蒜及加工产品

三、苍山辣椒

（一）品牌概况

苍山辣椒，因主产于兰陵县（原苍山县）长城镇又称长城朝天椒，具备"形美、皮薄、香甜、味足"的品质，是兰陵县著名特产，是国家农产品地理标志产品。

由于品质优良，苍山辣椒在全省、全国市场上拥有较高的知名度，品牌含金量高。该辣椒产品是临沂市名优农产品、沂蒙优质农产品知名品牌。2008年由苍山县平阳蔬菜产销专业合作社申报，苍山辣椒荣获中国农产品地理标志登记保护产品；在2009年烟台和2010年上海两届博览会上分别荣获中国绿色食品博览会畅销产品奖；2010年苍山长城辣椒被农业部农产品质量安全中心作为山东省优秀农产品地理标志产品在上海展示；2011年长城辣椒获中国北方糖酒副食品交易会金奖；2013年中国农产品区域公用品牌价值评估中，长城辣椒品牌价值达9.69亿元。

（二）地标特点

苍山辣椒是在苍山长城这片肥沃的土地上，广大椒农长期以来通过实践、辛勤劳作创造的结晶，具有当地朝天椒的农家品种，也是一个混合群体的总称。该品种辣椒大小均匀，椒长一般在6～10厘米，青熟椒一般呈深绿色，老熟椒呈红色或紫红色，鲜椒表面油光发亮，干制辣椒皮带皱纹而均匀，肉厚皮薄椒籽多。该辣椒营养价值极高，每100克鲜辣椒含蛋白质3.20克、粗纤维5.90克、铁0.6毫克、磷94.5毫克、钾321毫克、钠1.84毫克、维生素A0.8毫克、维生素B$_1$0.05毫克、维生素B$_2$0.04毫克、维生素C149.3毫克、烟酸0.3毫克、抗坏血酸62毫克，还含有胡萝卜素和糖类、龙葵素、脂肪油、树脂、挥发油、烟酸、钙、硒、钴及各种微量元素。

（三）发展情况

据《苍山县志》记载，苍山辣椒已有200多年的栽培历史。早在50多年前，朝天椒就是长城镇的主导经济作物。全镇种植辣椒达3万亩，年产鲜椒5 000万千克、干椒7 000吨，主要销往江苏、上海、安徽、黑龙江、四川等多个省市，出口到韩国、越南、泰国等地。目前利用红辣椒为原料生产的辣椒粉、辣椒面、辣椒油、辣椒酱、腌辣椒等"长城一品红"系列产品深受广大消费者的青睐。

苍山辣椒常年种植3万亩，设施种植5 000亩，苍山辣椒以其独特的品质享誉古今，驰名中外。2006年苍山县长城镇被沂蒙特色农产品绿色论坛评为沂蒙红辣椒之乡，辣椒基地为市级农业标准化生产基地。兰陵县长城镇是全国具有独特品质的朝天椒生产、加工、销售和价格信息中心，是无公害绿色辣椒标准化生产基地。

（四）建设经验

苍山辣椒有确切记载的历史是在距今300多年的明朝，当时辣椒作为农民自种自食的调味佳品，年年传种，代代发展。凭借长城镇充足的光照、优良的土质和协调的水肥、气热条件，经过世代的精心培植，苍山辣椒形成了自己的特色，优化为现在的朝天椒。明清时期，苍山辣椒已驰名齐鲁大地，以长城辣椒色红、味香、久放不坏著称。苍山辣椒有了较高的声誉和广泛的影响，以其优良的品种和较大的种植规模，赢得了"苍山辣椒，香辣天下"的誉称。兰陵县现拥有辣椒加工企业12家，年加工干、鲜辣椒6万吨，产值1.2亿元。辣椒制品主要有辣椒干、辣椒段、辣椒片、辣椒丝、辣椒碎、辣椒粉、辣椒油、辣椒酱等十大系列100多个品种，畅销国内20多个省市，并远销韩国、日本等国家和地区。

长城辣椒产业能够发展壮大，成为全国独具特色的优势产业，主要是经过多年的发展积淀，具备了得天独厚的基础优势（图2-3）。

图2-3　长城辣椒

四、苍山牛蒡

（一）品牌概况

兰陵苍山牛蒡，名牛菜、大力子、牛子、蝙蝠刺、东洋萝卜、东洋参、牛鞭菜，系兰陵县著名特产。因主产于临沂市原苍山县（现兰陵县）得名，以种植面积大、产量高、产品品质优异著称。苍山牛蒡是国家农产品地理标志保护产品，苍山县被国家特产委命名为"中国牛蒡之乡"。

（二）地标特点

苍山牛蒡长100厘米左右，茎块修长粗细均匀，肉质根直径1厘米以上，呈锥体状，皮色金黄色，色泽鲜亮，根毛眼小而稀。牛蒡叶片轮生，广心脏形，全缘呈波状，叶片背面密生灰白色茸毛，长叶柄。每100克鲜菜中含蛋白质4.7克，粗纤维2.4克，钙242毫克，磷61毫克，铁7.6毫克，胡萝卜素390毫克，维生素B_1 20微克，维生素B_2 2 290微克，维生素C_2 5毫克。中医认为牛蒡有疏风散热、宣肺透疹、解毒利咽等功效。《本草经疏》称其为"散风除热解毒三要药"。《本草纲目》称其"通十二经脉，洗五脏恶气""久服轻身耐老"。牛蒡被誉为大自然的最佳清血剂，台湾民间把牛蒡作为补肾、壮阳、滋补之圣品。

（三）发展情况

原苍山县从20世纪80年代始从日本引进牛蒡并开始大面积推广种植。在原苍山县政府的大力扶持下，牛蒡种植成为该县的特色农业种植产业，全县现有牛蒡种植面积30余万亩。

（四）建设经验

苍山栽培牛蒡是于1988年在山东省率先从日本协和种苗株式会社引进种植获得成功后，在1990年开始大面积的栽培，是国内最早引种日本牛蒡品种成功的地区，为此获山东省科技进步三等奖。1993年该县承担了"牛蒡栽培及加工"国家星火计划项目，形成了牛蒡产品的企业收购标准和保鲜出口标准，1996年获省星火二等奖，并带动了牛蒡加工业的发展。

目前牛蒡已成为兰陵蔬菜产业的重要支柱之一，主要分布在该县的庄坞、长城等乡镇，面积已达9万余亩，县外发展种植基地11万余亩，总产25万吨，占到全国面积的50%以上。兰陵县牛蒡栽培面积规模国内最大，其产品质量优于国内其他地区，被国家农业农村部认证为"中国农产品地理标志保护产品"。兰陵县是国内最大的牛蒡集散地和出口产品加工基地，全县与牛蒡相关的加工储藏企业有60余家，加工储藏产品量占全国的80%以上，主要出口日本、韩国、美国、中国台湾等国家和地区。该县于1991年开发牛蒡系列产品加工，1993年被国家科委列入国家级"星火计划"项目后，先后开发了牛蒡保鲜、速冻、脱水、腌渍和牛蒡茶、牛蒡营养液、牛蒡酒、牛蒡醋、牛蒡罐头和利用牛蒡叶提炼绿原酸（CA）等系列产品，并分别获得四项国家专利和省科技进步二等奖、省"星火计划"二等奖。牛蒡茶在圣彼得堡举办的国际博览会上获金奖，在1997国际茶文化博览会上获金奖（图2-4）。

图2-4　牛蒡及牛蒡产品

五、茶坡芹菜

（一）品牌概况

茶坡村位于沂南县东部，是省级一村一品示范村、全国乡村旅游扶贫重点村、省定重点贫困村。茶坡村辖东、西茶坡两个自然村，耕地面积1 800亩，农户400户，共1 376人。

目前，"茶坡芹菜"已通过国家农产品地理标志登记、国家绿色食品认证，被评为"山东省第三批知名农产品企业产品品牌"，"茶坡芹菜"生产基地被评为"山东省农业标准化生产基地"。

（二）地标特点

茶坡村地处长虹岭，北依风景秀丽的浮来山，西靠万成湖，生态环境优良，独特的自然地理条件和水土资源，造就了该村百余年的"茶坡芹菜"种植史，"茶坡芹菜"叶绿梗黄，实心无筋，鲜脆多汁，生熟皆宜，已成为该村经济发展的主导产业。

2014年注册了"腾达月光"商标，并制作了精美的包装箱，"茶坡芹菜"品牌市场影响力显著提升，合作社被评为"临沂市农民专业合作社示范社"，对全镇及周边乡镇蔬菜产业辐射带动作用日益凸显。为提升茶坡芹菜的品质和档次，2013年对芹菜进行了有机认证，并对该区域其他4种蔬菜也进行了有机认证。

（三）发展情况

茶坡村是一个蔬菜种植大村，主导品种是芹菜，全村耕地1 800亩，"茶坡芹菜"种植面积就达到1 500亩，种植户318户，占据全村农户数的79.5%。村内蔬菜批发市场3个，集中上市时间每天往外输出芹菜10万余斤（1斤=500克）。2017年，茶坡村经济总收入2 752.36万元，茶坡芹菜产量2 750千克左右，芹菜销售收入达到2 297.86万元，占全村经济总收入的83.5%。村农民人均可支配收入17 115元，产业主导地位突出。

（四）建设经验

"茶坡芹菜"的发展，得益于各级农业主管部门高度重视和科技人员的精准助力，解决发展中的问题，使茶坡芹菜的发展走上了快车道。沂南县芹菜产业协会编制了《中华人民共和国农产品地理标志质量控制技术规范（茶坡芹菜）》（AGI2018-01-2295），沂南县腾达蔬菜种植专业合作社承担编制了"茶坡芹菜"省级标准化基地操作规程和绿色食品芹菜种植技术操作规程。自2016年起，沂南县腾达月光蔬菜种植专业合作社连续两年承担全省芹菜肥料试验项目，茶坡芹菜生产组织管理和统一技术应用水平显著提升（图2-5）。

图2-5 茶坡芹菜

六、沂南黄瓜

（一）品牌概况

沂南县位于山东省的东南部，地处沂蒙山腹地，属暖温带半湿润大陆性季风气候区，土壤以河潮土为主，温度适宜，光照充足，雨热同期，无霜期长。沂、汶、蒙三条大河贯穿全县，是国家级生态示范县，山清水秀，土地肥沃，盛产蔬菜，有悠久的蔬菜栽培历史，是大棚蔬菜的发源地，有"沂蒙山菜园"之美称。

"沂南黄瓜"种植历史悠久，具有皮薄肉厚瓤小、水头足、清脆爽口、味甘甜、产量高及品质稳定等特点，既当蔬菜又当水果，畅销全国20多个省100多座大中城市，远销东南亚，成为全国最大的黄瓜生产基地，被评为"中国黄瓜之乡"，获得国家工商总局地理标志商标注册和农业部地理标志产品认证。沂南黄瓜2017年中国农产品区域公用品牌价值达29.22亿元，成为中国区域公用农产品百强品牌。

（二）地标特点

沂南黄瓜具有以下显著的特点：一是面积大，种植面积约35万亩，年生产总量为225万吨；二是结瓜早，提前15天上市；三是黄瓜生长势强，抗低温和病害的能力强；四是瓜码密，基本上节节有瓜，连续结瓜能力强，黄瓜把短、刺密、条直、颜色黑亮，瓜长35～40厘米，商品性极佳；五是不封顶、不早衰，结瓜期长。沂南黄瓜脆甜清香、色深条直、量大质优，特别是夏、秋黄瓜，营养丰富，其突出特点是含糖量、钙量和维生素C显著高于外地黄瓜，生食口感脆甜清香。沂南黄瓜以其最大的产量和上好的品质而闻名全国。

"沂南黄瓜"的地域保护范围为山东省沂南县境内，东至湖头镇，西至岸堤镇，南至砖埠镇，北至岸堤镇，辖14个乡镇，210个行政村，31.8万人口，地理坐标为东经118°07'～118°43'，北纬35°19'～35°46'，海拔60～600米。地域保护种植面积23 300公顷，总生产面积35万亩，年生产总量为225万吨。

（三）发展情况

沂南黄瓜自1934年开始种植，1965年露地黄瓜发展到1 000亩，1975年开始面积达到5 000亩。1978年到1979年春，依汶公社龙汪圈村朱顺增和东贯头村林秀忠二人，改变常规的露地栽培方法，首次使用塑料薄膜小拱棚栽培西红柿、黄瓜和韭菜，上市早，获得较好的经济效益。1983年开始使用钢架大拱棚，年亩收入达万元。县委、县政府总结推广他们的经验，并号召给蔬菜生产户调整归并土地，给予经济扶持。1984年5月沂南县农民蔬菜研究会成立，朱顺增、林秀忠为正、副理事长，会员30余人，带动起一大批蔬菜专业户。使沂、汶河沿岸商品菜生产基地建设初具规模。出现了朱家里庄乡东贯头、西贯头村以及苏村镇北于村、辛集乡榆林子村、杨家坡乡东太阳和杨家坡村等几个生产大片。1989年，全县种菜面积发展到6.43万亩，其中黄瓜种植面积1万余亩，以土温室、大小塑料薄膜拱棚等保护地黄瓜栽培为主。到1990年沂南黄瓜发展到2万亩，至2000年沂南黄瓜达20万亩。2005年开始出现高效日光温室，至2009年日光温室黄瓜10万亩、拱棚黄瓜10万亩、露地黄瓜15万亩，全县黄瓜总面积达35万亩。由于沂南黄瓜脆甜、清香、色深、条直、品优，远近闻名，畅销上海、广州、北京等地。目前全县初步形成了岸堤2万亩春露地黄瓜生产基地，辛集、苏村、依汶、湖头15万亩夏黄瓜生产基地，大庄、辛集、苏村10万亩越冬温室黄瓜生产基地，依汶、砖埠、岸堤、马牧池8万亩早春大棚黄瓜生产基地。全县蔬菜加工流通企业已发展到42家，其中，规模以上龙头企业主要有临沂现代农业科技示范园、青田食品公司、青果食品公司、运通食品公司、凯杰森食品公司、鲁中蔬菜批发市场等，年黄瓜加工交易量达200多万吨。

（四）建设经验

沂南县自2000年开始大力发展优质黄瓜生产，按照蔬菜标准化生产技术规程组织生产，黄瓜质量得到明显提升，2002年沂南县黄瓜获得国家无公害农产品认证，2009年获得国家绿色食品认证。为推动产业转型升级，县委、县政府及时成立了沂南县阳都品牌运营管理有限公司，与山东鲁中农牧发展有限公司进行战略合作，联合运营建设沂南黄瓜品牌产业园，从育苗到生产、销售，全部实行产业化运作，助推全县农业供给侧结构性改革。

沂南黄瓜具有明显的区位、资源和产业开发利用优势，已成为沂南县经济增长的品牌和亮点。黄瓜产业的发展将对促进沂南县经济社会快速发展和提升沂南蔬菜知名度都具有重大的现实意义和深远的历史意义（图2-6）。

图2-6　沂南黄瓜

七、双堠西瓜

（一）品牌概况

双堠西瓜在整个临沂地区享有盛名，即使在省内也有一定的影响力。2012年，"双堠西瓜"被评为"2012最具影响力中国农产品区域公用品牌"。

（二）地标特点

双堠西瓜是双堠镇桃花山村、韩家峪村、磊石沟村一带最早种植的地方品种，又叫"芝麻粒紧皮西瓜"。

该品种圆形，瓜皮绿色，上有14～18条墨绿色的纵条纹，单瓜重3～5千克，中心含糖量12%以上，可食率55%以上。双堠西瓜皮紧，易碎，沙瓤，爽口，品质优良。代表品种有金钟冠龙、西农5号等，近些年不断有新品推出。

沂南县具有优越的自然条件。境内温度适宜，四季分明，春季太阳辐射较强，暖空气势力变强，西南气流明显，多西南风，气温回升幅度大。夏季高温高湿，雨量集中，季平均气温25.0℃，由于西太平洋副热带高压加强北抬，多东南风。夏季降水量为527.2毫米，占全年降水量的63.4%，有利于西瓜生长结果。同时，该县土地肥沃，水源丰富，沂河、汶河、蒙河三大河流贯穿全境，山清水秀，是"国家级生态建设示范区"。双堠西瓜产地双堠镇地处蒙阴、费县和沂南三县交界处附近，该地区属丘陵地带，土质偏酸，土壤通透性良好、吸热快、沙质壤土，独特的土壤和气候培育出来的双堠西瓜具有沙瓤味甜、籽少皮薄的特点。诸多有利条件使双堠西瓜成为带动当地农民增收致富的支柱产业。

（三）发展情况

双堠西瓜具有悠久的历史。17世纪中期（明末清初），该镇桃花山一带就有专门种西瓜的瓜农，当时品种较多，但生产发展缓慢，种植分散，品质差，产量低，退化现象严重。20世纪50年代的新中国成立初期，该镇西瓜种植面积逐渐增大，经过瓜农长年选育，品质也逐年提高，其中张铁峪、磊石沟等村庄的"芝麻粒"西瓜最为出名，后来该品种在全县推广，被誉为"沂南蜜"。20世纪80年代，农村实行联产承包责任制后，瓜农的种瓜积极性更高，西瓜生产成为该镇农民收入的主要来源，种植面积达到8 000亩，总产量达到4 000万千克，双堠镇成为远近闻名的西瓜生产大镇。

（四）建设经验

双堠镇政府还积极引导农民成立了沂南盛华西瓜种植专业合作社，在加大政策、资金扶持的同时，还进一步加强品牌培育工作。1985年、1987年，参加两届山东省西瓜评比，获"地方名优西瓜"称号。1986年4月，获临沂地区西瓜评比地方品种第一名。此后，该镇不断引进西瓜新品种，周边村庄也大面积种植西瓜，统称"双堠西瓜"。为树立地方品牌，该镇于2000年4月向国家工商行政管理局商标局申请，正式注册了"双堠西瓜"商标，从此广大瓜农贴上商标卖西瓜，产品远销到中国十几个省、市、自治区，经济效益得到进一步提高。2011年，双堠西瓜申报了有机食品认证和国家地理标志认证。2012年5月2日，通过了农业部国家地理标志登记。2012年6月，在地方政府部门的大力支持下，成立规模较大的沂南县双堠西瓜批发零售市场，便利的交通为双堠西瓜走向国各地市场提供了良好的条件（图2-7）。

图2-7　双堠西瓜

八、胡阳西红柿

（一）品牌概况

"胡阳西红柿"是山东省费县胡阳镇的特色蔬菜，2013年胡阳西红柿获国家农产品地理标志认证，2018年又取得国家地理标志证明商标，先后获得2015年全国互联网地标产品（蔬菜）50强、2016年全国果蔬产业百强地标品牌、2016年全国果蔬产业十佳质量信誉地标品牌、2017年全国果菜产业绿色发展百佳地标品牌，其核心价值及品牌主张为"柿柿如意，红动胡阳"。费县胡阳镇被评为全国"一村一品"示范镇、全国科普惠农示范基地，2016年，费县胡阳镇整体被上海市政府列入上海蔬菜外延基地。

（二）地标特点

从自身基础来看，"胡阳西红柿"有七大优势。

1. 黄金气候

胡阳镇地处中国南北界限上的黄金纬度带，光照充沛，降雨适中，昼夜温差明显，极利于蔬菜生长。

2. 纯净土质

褐土、黑土、潮土、棕壤四大土壤类型在全镇广泛分布，无化工企业无重金属超标，适合多种蔬菜生长。

3. 优质水源

地表水水量充沛，地下水水层稳定易取，鲜有污染企业，水质基本为优，适合灌溉蔬菜。

4. 权威示范

胡阳西红柿获国家农产品地理标志认证，费县西红柿取得国家地理标志证明商标。

5. 绿色认证

有"三品一标"认证农产品7个，"三品一标"认证农产品产量比重占90%。

6. 严密监管

费县胡阳镇成立了农产品质量安全监管办公室和农产品质量检测室，逐步建立起覆盖村、镇、县三级的农产品质量检验检测网络体系实施农产品二维码追溯制度，实现可追溯农产品覆盖产业园

95%以上产品，农产品质量安全达标率达98%以上。

7. 严格标准

费县胡阳镇制订和实施西红柿等瓜菜产业生产地方标准2个，建有绿色食品认证的农产品生产基地5家，西红柿产业国家级菜果蔬标准园1个，建设标准化生产基地9处，其中省级标准化生产基地3处。

（三）发展情况

费县胡阳镇一直有蔬菜种植传统，从20世纪80年代就是西红柿、甜瓜种植主产区。目前费县胡阳镇市级以上农业产园区内西红柿种植面积2.7万亩，占全县总面积的90%，年产量达27万吨，实现总产值19亿元，为全省规模最大的优质温室西红柿种植基地，主导产业收入占园区人均纯收入的95%以上。产业化重点龙头企业6家、市级以上专业合作社11家。新型经营主体投资兴建果蔬集散中心63处，带动从业人员5 000人以上，年销售额15余亿元，产品远销北京、上海、广州和俄罗斯等国内外市场。

（四）建设经验

1. 品牌导入

设立"胡阳西红柿"品牌管理协会，作为"胡阳西红柿"品牌管理机构，根据"胡阳西红柿"品牌管理规范，实施品牌许可使用机制。获得品牌使用许可的销售企业、经济合作组织，无论是虚拟市场的广告宣传，还是实体市场的蔬菜销售，都一律按要求使用"胡阳西红柿"品牌包装，确保"胡阳西红柿"包装体系全面使用。建设"胡阳西红柿"品牌管理网站、"胡阳西红柿"品牌自媒体，并通过各种方式，不断扩大"胡阳西红柿"的粉丝圈。

2. 推广传播

费县胡阳镇人民政府与相关单位，按照"胡阳西红柿"品牌形象手册的标准样式，在信笺、便笺、传真纸、名片、信封、笔记本、马克杯、纸杯、温馨提示牌等办公用品上，导入品牌符号的办公应用，统一印制"胡阳西红柿"传播符号，各类电子幻灯文件PPT统一模板，电脑桌面、屏保，手机桌面、手机屏保等统一使用"胡阳西红柿"品牌形象的版面。在县镇客车、公交车刷写车体宣传广告。引导酒店宾馆的房间、生活用品、墙壁装饰、过道走廊等设施进行更新购置时，印制使用带有"胡阳西红柿"传播符号的各种物品。在品牌基地设立"胡阳西红柿"宣传看板，基地附近设立"胡阳西红柿"形象指示牌。

目前已连续举办7届西红柿节、2届西红柿产业发展论坛，建立观光采摘园110个、农家乐63处，年接待游客50万人次，年旅游综合收入3亿元，休闲农业旅游产业初具规模，有效带动了流通、运输、信息服务等行业的快速发展。在重点市场如上海、苏州、杭州等地，组织"胡阳西红柿"——绿色菜篮子联谊活动，开展厨艺展示等系列社群活动，在蔬菜主要购买者——家庭妇女人群树立深入人心的品牌形象。

3. 实施保障

一是组织保障。由镇主要领导挂帅，成立"胡阳西红柿"品牌建设领导小组，指导品牌建设工作，协调政府各相关职能部门，从而推动品牌建设中的蔬菜种植、质量检测、品牌保护、渠道建设、宣传推广等各项工作，进一步构建完善"政府引导、协会统筹、企业担纲、抱团发展"的品牌建设长效机制。

二是政策资金保障。政府出台品牌基地建设扶持政策；销售方面，出台专卖店建设、商超铺货、市场交易等相关扶持政策；安排相关资金，对"胡阳西红柿"品牌建设的重大项目给予奖励、补助、贷款贴息、配套资助；对有关部门和个人给予奖励等。发展以财政投入为导向，以民间资本、工商资本投入为主体，以金融信贷资本为依托的多元化投入格局（图2-8）。

图2-8 胡阳西红柿

九、蒙阴蜜桃

（一）品牌概况

蒙阴蜜桃于2008年成功获得农业部地理标志农产品保护登记，保护范围为山东省蒙阴县境内，地理坐标为北纬35°27'~36°02'，东经117°45'~117°15'，南北长64.9千米，东西宽45.8千米。蒙阴蜜桃主要种植区域为蒙阴镇、联城镇、常路镇、高都镇、野店镇、岱崮镇、坦埠镇、桃墟镇、垛庄镇、旧寨乡等主要乡镇。

近年来，通过不断的发展，蒙阴县蜜桃面积已经达到65万亩，年产11.5亿千克，成为名副其实的中国蜜桃之都，并多次获得全国绿博会金奖、全国消费者最喜爱的区域公用品牌等荣誉。2018年品牌价值达244.29亿元，位居同品类第一。目前，蒙阴蜜桃相关产业骨干企业（合作社）有数百家，其中比较有实力的有山东欢乐家食品有限公司、蒙阴万华食品有限公司、山东美华农业科技有限公司、蒙阴县惠冠文冠果种植专业合作社、蒙阴县新大地果品专业合作社等。

（二）地标特点

蒙阴县属暖温带季风大陆性气候，年平均气温12.8℃，极端最高气温40℃，极端最低气温-21.1℃，年平均无霜期200天，年平均降水量820毫米，年日照时数为2 257小时，日照百分率为52%。蒙阴县属纯山区，平均海拔315.8米，土壤主要以棕壤为主，土壤透气性好，对人体有益的微量元素含量高，土壤pH值在6.8～7.2。得天独厚的自然条件，为果树生长发育提供了良好的条件，是北方果树最佳种植区。另外，由于蒙阴县地处北纬35°27'～36°02'，地理位置优越，春季升温快，桃成熟早，有利于提早供应南北方市场。

（三）发展情况

"蒙阴蜜桃"栽培历史悠久，已有2 000余年的历史，早在1672年的《蒙阴县志》就有记载，将桃列为所属境内的重要物产之一。1949年新中国成立后，蒙阴蜜桃经历了三个重要的发展时期，其中，1995—2007年是蒙阴蜜桃大面积快速发展的时期，栽培面积由1995年的11万亩发展到2007年的50万亩，其中1995—2002年6年间发展了24万亩，2003—2007年新发展了15万亩桃树，目前种植总面积达到65万亩，年产量23亿斤，产值41.7亿元，全县蜜桃种植规模和产量全国领先。据统计，全国蜜桃种植面积为1 077万亩，产量230亿斤，蒙阴蜜桃的面积和产量分别为全国的6.04%和10.00%，多年稳居全国县区第一位（其中北京平谷16.8万亩，山东肥城10万亩，甘肃秦安9.5万亩，山东安丘6万亩），是名副其实的全国蜜桃生产第一大县。

目前，蒙阴蜜桃拥有早、中、晚熟蜜桃品种200多个，主栽品种有60多个，其中近年来发展较快的黄桃品种有锦春、锦园、锦香、锦绣、黄巨油、油蟠7、中蟠11、中蟠13、中蟠17、中油48。蒙阴蜜桃以色泽艳丽，果肉细腻，汁甜如蜜，个大味香而闻名。每年从4月上旬大棚油桃成熟上市到10月，每天都有蜜桃不间断成熟上市，成熟期集中在7—8月，实现了一年三季生产蜜桃。

近年来，蒙阴县始终把蜜桃销售作为全县每年最重要的工作来抓，经过多年的努力建设，蒙阴果品销售网络已经遍布全国各地，其中蜜桃销售占据全国大半个市场，东北市场占10%、山东市场占10%，江浙沪市场占60%，广东、福建、江西共占20%，其余市场占10%。此外，蒙阴果品已自主出口到日韩、俄罗斯、新加坡、印度尼西亚、马来西亚、泰国、印度、孟加拉国和迪拜等20多个国家和地区。

（四）建设经验

2008年，"蒙阴蜜桃"成功获得中国农产品地理标志认证。2012年，又在国家工商行政管理总局商标局成功注册地理标志保护商标。蒙阴蜜桃在2010年被命名为"中华名果"。

依托"蒙阴蜜桃"地理标志农产品，全县先后注册"蒙山脆"牌蜜桃、"蒙荫"牌蜜桃、"双福村"牌蜜桃等80多个商标。至2018年年底，共有78个蜜桃品种取得绿色食品认证，此外有机果品基地认证3个。

蒙阴县委、县政府提出了挖掘桃文化，打造蒙阴蜜桃品牌，建设全国"桃文化中心"的决策，让文化引领果业健康可持续发展。为此先后举办了13届桃花旅游节、6届赛桃会、2届蒙阴蜜桃产业交易会、2届蒙阴蜜桃网络文化节以及承办了2届"中国桃产业可持续发展论坛"，曾先后组织相关企业、合作社、果品经营公司、果品经营大户等去上海、江浙地区举办蒙阴蜜桃市场推介会，并在全国各大媒体进行了广泛宣传和报道，不断扩大蒙阴蜜桃的知名度和影响力。

为发挥资源生态优势，挖掘桃文化，蒙阴县在桃花源村建设"桃文化旅游风景区"，打造了多条乡村果园观光旅游生态线路。伴随着"中国蜜桃之都""中国桃乡"的命名和蒙阴蜜桃获得"国家农产品地理标志"称号，蒙阴逐步成为全国桃产业文化的中心（图2-9）。

图2-9　蒙阴蜜桃

十、蒙阴苹果

（一）品牌概况

蒙阴县历史悠久，自西汉初置县，迄今已有两千多年。蒙阴县经济主要以果业为主，其中蒙阴苹果是主要产业之一，2011年通过农业部农产品地理标志认证。蒙阴苹果主要支撑的品牌企业有蒙阴宗路合作社、蒙阴县野店镇孟良崮园农副产品有限公司等。根据浙江大学CARD中国农业品牌研究中心发布的"2012中国农产品区域品牌价值评估"，"蒙阴苹果"的品牌价值达到6.18亿元人民币。

（二）地标特点

蒙阴县属纯山区，得天独厚的自然环境，为果树生长发育提供了良好的条件。蒙阴是全国果品生产百强县、水土保持先进县，被国家科委认定为"无公害苹果生产基地"。"蒙阴苹果"是山东蒙阴县特产，色泽鲜艳，脆甜多汁，是中国国家地理标志农产品。蒙阴苹果的地理标志保护的区域范围为蒙阴县境内，东至坦埠镇、西至联城镇、南至蒙山、北至岱崮镇，分布在11个乡镇。蒙阴苹果是蒙阴县第二大栽培树种，栽培面积18万亩，年产量1.75亿千克。蒙阴苹果储藏期长、苹果无污染、无公害、色泽鲜艳、光亮红润，红中透粉，有条红、也有片红，水分多、糖度高，口感好、脆甜香，质细汁多，品质上乘，个大形正。蒙阴县已成为全国最大的新红星出口基地。

蒙阴平均海拔315.8米。年日照时数为2 257小时，日照百分率为52%；年总辐射量为115.8千卡/平方厘米。大于或等于5℃积温为4 703.1℃，大于或等于10℃积温为4 380.7℃，年平均温度12.8℃。蒙阴县境内水资源丰富，年平均降水量为820毫米，主要分布在5—9月，8—9月。人均占有1 337立方米，是山东省人均占有量的3.45倍。境内有流长超过5千米的河流44条，各类水库103座，其中岸堤水库占地10万亩，是全省第二大水库，是临沂城区居民的饮用水源地。昼夜温差平均9.6℃，10月昼夜温差平均11.1℃，无霜期200天。土壤主要以棕壤为主，土壤透气性好，对人体有益的微量元素含量高，土壤pH值在6.8~7.0。

（三）发展情况

"蒙阴苹果"有2 000多年的种植历史。20世纪80年代，八年山区综合开发期间，红富士、新红星、玫瑰红等品种引入蒙阴县。1996年，蒙阴苹果种植面积达到了30万亩。

目前，"蒙阴苹果"栽培面积18万亩，产量约1.75亿千克。主要栽培品种有藤木一号、松本锦、信浓红、红嘎啦、美国8号、新红星、新红将军、红富士、金帅、红金帅等品种。新红星栽培面积4万亩，成为北方最大的新红星出口生产基地，每年出口优质苹果8 000吨，被列为山东省出境水果生产基地。红富士栽培面积近15万亩，占苹果总面积的55%，高都镇生产的"沂蒙红"红富士苹果获得国家绿色食品认证。野店镇黄崖村苏京和苹果园，通过市农业局专家测产亩产达到10 675千克，创临沂市苹果单产历史最高纪录。在生产中全面推广生态果业生产和标准化生产技术，大力推广杀虫灯、诱捕器、粘虫板等物理措施防治果树病虫害，全面实施果树病虫害农药减量控制技术、果园生草技术，降低农药化肥施用量，减少农业污染。全县共建果树精品园区30处，标准化生产示范基地62处，面积52万亩。通过精品园区的建设和示范带动作用，全县85%以上的果园实现了标准化生产，果品质量和经济效益大幅度提高。2009年被农业部确定为国家现代苹果、桃产业技术体系示范县。全面实现了无公害、绿色果品标准化生产，现代生产技术应用入户率达到90%以上。到2012年年底，蒙阴县已获得绿色食品认证80多个，有机食品认证15个。

（四）建设经验

"蒙阴苹果"发挥支柱产品、特色产品带头优势。以科技创新为动力，不断增强品牌培育的实力和活力。以品牌服务体系建设为途径，不断夯实品牌培育的技术基础。以加强品牌宣传和稳定的质量为保障，努力营造品牌培育的良好环境。

蒙阴多年来，通过与山东农业大学合作，建设了集果品冷链仓储、检验检测、农民培训、跨境出口销售等于一体的为农服务中心，实现了果品质量安全全程可追溯，不断提高蒙阴苹果高端市场占有率，通过大力推广精细化分级包装，重点发展"农超对接""基超对接"和"基地直采"等新型交易方式，定期组织果企、果农、经销商、合作组织参加国内外展销展示活动，并在江浙沪等主销地设立销售专柜，在淘宝、京东等网上平台建成销售专区，积极开拓东南亚、港澳、中东等海外市场。

品质决定品牌。蒙阴县不断在人才、技术、品种、质量监控、精品园区建设上下功夫，目前，已培养农民技术员1 100多名，实验推广优良品种10多个，通过蒙阴苹果"无公害""绿色"认证、"有机"认证，被评为国家现代苹果产业技术体系示范县。

以蒙阴县宗路果品专业合作社创建品牌为例，蒙阴县宗路果品专业合作社有着丰富的品牌创建经验。创新采用"公司+合作社+农户"模式，使合作社与企业对接，品牌运作，统一营销，统一物流，节约成本，增加收入。社员加入合作社后，跟合作社签订合同，统一种植公司提供的品牌；而合作社为社员提供农资、培训和技术服务、统一的农机服务，最后按照合同统一收购社员的农产品。在这种模式下，公司通过合作社收购农产品稳定了货源，而且统一生产能够更好地保证农产品的品牌和质量。通过构筑优良的企业文化，坚持"优质、高效、诚信、服务于社员"的经营方针和"质量是金，服务是心"的经营宗旨，团结拼搏，与时俱进，不断致力于向新的广度和深度拓展，建成一支具有高度敬业精神、高效创新精神、高效团队精神的员工队伍，以果品生产加工为龙头，打造"绿色"品牌，营造出超时代风格的一流产品，这大大提高了产品质量与品牌知名度（图2-10）。

图2-10　蒙阴苹果

十一、沂水苹果

（一）品牌概况

沂水苹果果实色泽鲜艳、果肉致密、清香脆甜，糖度达19.8度，被中国果品流通协会评为"中华名果"，现栽植面积20万亩，年产量30余万吨。沂水先后被评为全国现代苹果产业30强县、全国果品生产百强县。2018年，沂水苹果成功入围"沂水十品"，并成功举办了首届沂水苹果文化节，沂水苹果区域公用品牌价值达到9.26亿元，在2018年10月亚洲果蔬产业博览会组委会发起的品牌评选中，沂水苹果荣膺"2018年度中国最受欢迎的苹果区域公用品牌10强"。

（二）地标特点

沂水苹果产于山东省临沂市辖区的沂水县高庄镇、夏蔚镇、沂水镇、院东头乡、崔家峪镇、泉庄乡、诸葛镇、沙沟镇、马站镇，总面积约13 533公顷。沂水县位于山东省东南部沂山南麓，临沂地区北部。地理坐标为东经118°13'00"～119°03'00"，北纬35°36'00"～36°13'00"。最高点为县境北部的沂山南侧的泰薄顶山，海拔916.1米。最低点为县境东北部的朱双村东，海拔101.1米。全年1月气候最低，平均-3℃，7月气温最高，平均为25.5℃。极端最高气温为39.2℃，极端最低气温为-24.9℃，年均气温12.3℃，年均降水量782.1毫米，无霜期205.2天，年有效积温5 183.7℃。8—9月昼夜平均温差为9.8℃，最大温差为14.2℃，最小温差为3.5℃，10月平均温差为10.5℃，最大温差为15.6℃，最小温差为4℃，海拔高度在101.1～916.1米。

沂水苹果果个均匀，平均单果重198克，最大果重460克，色泽鲜艳，果肉致密，含糖量高，汁多味好，香味浓郁，耐贮运。可溶性固形物≥11%；硬度（N/cm^2）≥5.5；总酸量≤0.4%；总糖含量≤13%。沂水苹果执行《无公害食品苹果》（NY 5012—2002）标准。

（三）发展情况

沂水苹果有着悠久的栽培历史，2010年11月沂水县崔家峪镇林果技术人员下村进行夏季果园管理指导时，在五口村发现4 000多棵中国古老苹果品种。后经果农专家考察，发现有斑紫、林檎、海棠、大小花红和苹婆等12个中国古老苹果品种。据五口村果农介绍，这些品种虽有上百年的树龄，但依然能产果，而且大部分是中早熟品种。目前沂水县栽培的苹果品种主要有红嘎拉、黄金帅、乔纳金、红星、美国八号、红富士等。山东沂水县四十里镇是远近闻名的苹果种植基地，盛产嘎拉、红富士品种，每年的8—9月正式上市，产品远销全国各地，是各大超市、鲜果批发市场的首选供应。

（四）建设经验

成立苹果协会，以市场需求为导向，以科技进步为依托，提供综合性服务，促使沂水苹果向产业一体化、生产标准化、销售国际化方向发展。坚持"双向通行""双向服务"的建设路径，充分反映会员的愿望和要求，维护会员的合法权益，在政府和企业、果农之间起到桥梁和纽带作用。

县、乡两级注重抓好产前、产中服务，经常派出业务干部学习新技术，加强果农培训，引导成立苹果生产加工龙头企业，解决果农销售难等后顾之忧，使得苹果生产与管理水平不断得到提升，先后注册了18个沂水果品品牌。为进一步提升沂水苹果的品牌价值和影响力，拓展沂水苹果生态观光、休闲采摘、文化传承等产业发展功能，2018年10月18日，首届沂水苹果文化节在沂水县四十里堡镇恒开幕（图2-11）。

图2-11　沂水苹果

十二、沂水大樱桃

（一）品牌概况

"沂水大樱桃"系沂水辖区内特种种植果品之一，地域保护种植面积5 000亩以上。"沂水大樱桃"地理标志产品是沂水县夏蔚镇圣母山果蔬专业合作社于2010年10月申报的。2010年12月24日，中华人民共和国农业部批准对"沂水大樱桃"实施农产品地理标志登记保护。2016年8月，沂水大樱桃区域公用品牌价值达到3.13亿元。

（二）地标特点

根据《沂水县志》记载，早在明清时代沂水就栽植大樱桃。清光绪十九年（1893年），德国传教人员自德国引种大樱桃百余株植于王庄圣母山山顶，至今仅存20余棵，依然枝叶繁茂、硕果累累，已被山东省果树研究所认定为省内大樱桃树的祖先，被沂水县政府列入重点古树保护名录。新中国成立后，沂水人民发挥山区优势，从大樱桃的引种、栽培到贮藏加工等一系列生产过程，积累了丰富的实践经验。

沂水大樱桃树势强健，萌芽率高，成枝力强，幼树期树姿直立，当年生叶丛枝不易形成花芽。初果期中长果枝较多，盛果期树冠半开张，以短果枝和花束状果枝结果为主，幼树开始结果偏晚。在良好的栽培管理条件下，一般4年生开始结果。叶片特大，宽椭圆形，长17厘米，宽9厘米。叶片厚，深绿色，具光泽，叶缘复锯齿，大而钝。叶柄基部有2～3个紫红色长肾形大蜜腺，叶片在新梢上下垂生长，为本品种的主要特性。本地区始花期为4月6日左右，花期8～10天，每花序6～12朵单花，花药中多，在大棚中栽培湿度大时花粉不易开裂，自花结实率低，需配置授粉树，适宜的授粉品种有拉宾斯、先锋、滨库、红艳、雷尼等品种。果实大，肾脏形，红色，具光泽，艳丽美观，平均单果重9.2克，最大单果重12克，果肉可食部分占92.9%，肉质较硬，酸甜适口，可溶性固形物含量15%～17%，本地区5月18日左右开始成熟，果实生育期40天，丰产、质优，宜鲜食，耐贮运。

（三）发展情况

"十一五"（2006—2010年）开始，沂水县委、县政府制定的现代农业发展规划，把发展"沂水大樱桃"作为全县高效农业支柱产业之一，并直接与辖区的政绩考核挂钩。注重名优新品种的引进与开发，除原有品种外，沂水县又相继引进了"大紫""那翁""红灯"及乌克兰大樱桃系列等优良品种，其中夏蔚镇的万亩大樱桃基地开发已列入全市山区开发的总体规划。2006年沂水县夏蔚镇大樱桃生产基地被临沂市命名为市级农业标准化生产基地。

自"沂水大樱桃"申请地理标志通过评审后，合作社首先申报了无公害农产品认证，注册了"圣母山"牌商标，建立了完整的产品追溯制度，保证了产品的质量。现在合作社结合沂蒙红色文化旅游，正在建设3A级大樱桃万亩采摘园。为推动大樱桃产业的发展，与政府合作，出台了多项奖励补助政策，同时还积极协助联系科研单位，邀请国内外果树专家到田间地头现场培训、现场解疑，大大提高了果农发展大樱桃的积极性，大樱桃生产在逐步形成规模的基础上，内在质量有了很大提高，所产大樱桃个头大、口味好、色泽艳、耐储运，备受市场青睐。为今后"沂水大樱桃"品牌发展打下了坚实的基础。近年来南至上海、北至东北的客户逐年增加，产品供不应求，畅销北京、上海、浙江、大连等十多个大中城市。

（四）建设经验

在新的历史发展时期，合作社积极探索乡村旅游开发新途径、新方式，推动标准化种植与乡村旅游有机融合，进一步延长产业链条，积极探索大樱桃果品深加工，提高产品附加值。沂水县政府发挥大樱桃资源、红色资源优势，将红色文化、宗教文化与沂蒙崮文化相结合，大樱桃采摘、自驾观光与红色教育相整合，自2015年以来举办了四届大樱桃旅游文化采摘节，打造樱桃采摘专线5条，规范提升采摘园67家，开展了采摘旅游节文艺演出、樱桃小镇主题摄影展、樱桃小镇产业发展联谊研讨会、"樱桃王"评选活动等系列主题活动（图2-12）。

图2-12 沂水大樱桃

十三、李官黄金桃

（一）品牌概况

2018年9月，兰山区李官黄金桃种植服务中心成功申报了"李官黄金桃"地理标志保护商标。2018年10月"李官黄金桃"获得绿色食品A级认证。李官黄金桃主要运作单位是兰山区李官黄金桃种植服务中心，统一监督为兰山区禾雨农机服务专业合作社、兰山区喜四方果蔬种植合作社。在2018年临沂市农业农村局举办的黄桃大赛中李官黄金桃系列产品一举获得金奖、银奖、铜奖。2019年7月29日，李官黄金桃系列产品"黄金蜜"在北京世界园艺博览会优质果品大赛上获金奖，有力提升了李官黄金桃中国地理标志原产地的品牌价值，为发展农业果品"产自临沂"又增添了一个特色品牌。

（二）地标特点

李官黄金桃产地位于临沂北20千米处。充足的阳光、清洁的水源、富含微量元素（钙、硼、锌、硒、铁、硫等）的红色厚沙土壤以及30%的山坡斜度造就了李官黄金桃优良品质。桃的果实呈黄红色，近核处有红色放射线，从里向外成熟，其皮肉易于分离、汁浓，且肉厚而紧、入口甜酸交错，久久挂齿，开胃健脾，食而不厌。

（三）发展情况

李官黄金桃发展得到李官镇党委、政府的大力支持，现在种植规模由5年前的单一品种发展到了李官黄金桃系列产品50多个品种，如李官黄金桃有早、中、晚，黄金蜜桃有黄金蜜1号、2号、3号、4号到20号以及黄金蜜8-18、4-18等，此外还有黄金蜜中蟠11号、7号、8号、9号以及黄金蜜油蟠7号、9号、5号等。李官黄金桃系列品种适应李官独特地理条件生长，生产规模达10 000余亩。李官黄金桃以中国地理标志原产地为特色，通过政府搭建平台、企业"唱戏"、果农参与的方式，李官黄金桃系列产品，利用电商平台、商超对接等新型营销方式取得良好的发展。

（四）建设经验

李官黄金桃通过近几年的试验摸索走出了一条长远发展的好思路，重在把李官黄金桃系列产品宣传好，把套袋技术、病虫害防治技术培训好，把绿色食品A级认证管理好。李官镇成立了以基地种植管理为核心的基地技术服务团队、基地技术服务联盟，设立了12个李官黄金桃生产技术规定宣传公示栏。由各基地公示种植黄金桃品种、管理人员、负责人、监督单位等，每个基地管理种植地200亩以上。每个基地按照李官黄金桃生产技术规程统一管理、统一用肥、统一用药、严格把控产品质量，实行产品追溯制。加大对技术人员的培训，加强新品种引进、土壤改良、肥水一体化、果蔬修剪、植保服务及套袋技术，实行精准帮扶，有效地带动果农的积极性（图2-13）。

图2-13　李官黄金桃

十四、双堠樱桃

（一）品牌概况

双堠樱桃粒大肉嫩、紫中透红、甘美适口，含糖高达14%左右，在大樱桃中成熟较早。因良好的品质，双堠樱桃在2016年被农业部授予国家地理标志产品，加速了"双堠樱桃"品牌化发展，提高了双堠樱桃的美誉度与影响力，有效加快双堠镇樱桃产业化步伐。

2013年5月31日，在由临沂市农委和临沂市广播电视台联合举办的"临沂市优质农产品擂台挑战赛"活动中，沂南县双堠镇选送的4个樱桃样品中，两个参赛样品获得二等奖，一个参赛样品获得三等奖，一个参赛样品获得"樱桃王"称号。2017年5月26日，临沂市樱桃大赛中，双堠镇参赛选手获得8个金奖。

（二）地标特点

双堠镇位于沂南县西南部，蒙河中游，蒙山东侧，西与费县、蒙阴毗邻，东与孙祖、张庄、青驼三镇接壤，面积156.18平方千米，耕地面积5.6万亩，山岭连绵，沟壑纵横。双堠樱桃主产区位于沂蒙山区五彩山北麓，属山区地貌，土地为沙壤褐土，含磷较多，土壤有机质丰厚，pH值在5～7。春季昼夜温差较大，具有白天日照升温快、高，夜晚降温快、低的特点，形成了特殊的山间小气候。年平均最高气温比全县高2℃左右，日温差比全县大1～3℃，有利于樱桃光合作用和糖分的积累。

（三）发展情况

双堠镇种植樱桃的历史悠久，相传在明末清初已经种植。当时，有一尼姑云游到双堠镇黑山安村（黑山庵）修道，见四面环山、山山相连、山景秀丽、溪水潺潺，裸岩黑色油亮，各种杂果树丛生于山中，于北山山腰处建一庙，后从青州一带引来中国樱桃，并栽于庙宇周围。所种植的樱桃品种中，樱珠粒小皮薄，果汁充盈，酸甜可口，色泽艳丽，晶莹玲珑。一般农历4月初成熟，补淡季之鲜，被称为"北国春果第一枝"。晚熟品种大紫、红灯、那翁，为1986年引进品种，果实硕大，每千克平均180粒左右。

（四）建设经验

双堠镇有着优良的自然环境，利于樱桃营养物质的积累和优质果的形成，适宜樱桃栽植的土壤和山间小气候特点及传统的农业生产方式形成了质优果美的双堠樱桃。2017年，全镇发展甜樱桃面积20 000余亩，是临沂市最大的樱桃基地和交易集散地。2001年5月沂南县首届双堠樱桃节在黑山安村举办，以后每隔两年举办一次。目前双堠樱桃已成为当地农民的主要经济收入来源，同时通过举办樱桃节和彩蒙山旅游景区建设带动了第二、第三产业发展，农民收入大增，每天前来观光旅游采摘樱桃的游客高达万人（图2-14）。

图2-14　双堠樱桃

十五、砖埠草莓

（一）品牌概况

近年来，砖埠草莓发展取得了不菲成绩，获得了相关认证及系列荣誉称号。2017年1月10日，"砖埠草莓"荣获农业部农产品地理标志登记。2017年4月，"砖埠草莓"荣获第五届沂蒙优质农产品交易会参展农产品"金奖"。2017年8月11日，砖埠草莓荣获无公害农产品产地认定证书。2017年11月，"砖埠草莓"在2017年中国果品区域公用品牌价值评估中品牌价值达2.69亿元人民币。2018年1月20日，砖埠草莓送中国检验检疫科学研究院综合检测中心检测，富硒检测认定。2018年，在第十六届中国临沂草莓文化旅游节上，"砖埠草莓"获得唯一金奖。

（二）地标特点

"砖埠草莓"主产地位于沂南县砖埠镇，砖埠镇是三国时期杰出的政治家、军事家、一代名相诸葛亮的故里，也是唐代大书法家颜真卿的祖居地。诸葛祠就位于草莓种植基地中心区砖埠镇诸葛村，祠内1株千年古银杏树，依然青翠葱茏。乾隆皇帝为临沂五贤祠题的御碑"孝能竭力王祥览，忠以捐躯颜杲真，所遇由来殊出处，端推诸葛是全人"，"五贤"中砖埠就有诸葛亮、颜真卿、颜杲卿"三贤"。

砖埠镇地处沂河、汶河、蒙河三河交汇处，是三河冲积平原，总面积71.4平方千米，辖27个行政村，4.1万人口。砖埠镇土层深厚，土壤肥沃，土壤养分含量丰富，有机质含量达到1.6%～3%，土壤的pH值在6.5～7.1，呈微酸性，具有发展草莓生产得天独厚的自然条件，并且水资源非常丰富，是全县农业重点开发区。

（三）发展情况

"砖埠草莓"区域公用品牌由沂南县草莓种植协会申报注册，沂南县草莓种植协会成立于2012年5月，注册资金3万元，位于沂南县砖埠镇，协会现有会员5 012户。"砖埠草莓"主要生产于山东省沂南县境内的砖埠镇、张庄镇、大庄镇、依汶镇和界湖街道等8个乡镇，种植总面积达到383.27平方千米。2019年，砖埠草莓种植面积突破5万亩，总产量达到13万吨，产值35.8亿元。

（四）建设经验

依托生态优势和资源优势，按照"一乡一业，一村一品"，的思路，把砖埠草莓作为优势产业进行培育；砖埠镇党委、党政府和业务部门对草莓产业进行了全面规划，以镇驻地为中心，南部、东部、北部三个区域沿沂、汶、蒙三河流域的平原地区17个村以发展草莓为主，并配套了相关服务功能区建设；引进了适应性强、抗病、优质、适应性强的名优品种十余个，推广了大棚滴灌、草莓休眠期控制、草莓药肥双减等无公害生产技术，为砖埠草莓品牌创建提供了有力的支撑（图2-15）。

图2-15　砖埠草莓

十六、醋庄葡萄

（一）品牌概况

临沂经济技术开发区葡萄协会作为"醋庄葡萄"国家地理标志证明商标的持有人，组织成立鑫果、前醋、绿云、湾里4个葡萄种植专业合作社支撑公用品牌发展应用。注册"琼浆果""醋庄武状元"和"御口甜"农产品商标3个，醋庄葡萄以"绿色、美味"为品牌卖点，先后获得国家地理标志、全家名优果品、沂蒙印象奖等荣誉。"武状元""琼浆果"2个农产品品牌被评为"首届沂蒙优质农产品知名品牌"。2010年被临沂市命名为临沂市优质农产品生产基地，2011年被命名为山东省百强休闲观光旅游示范点，2012年被农业部、财政部命名为现代农业产业技术示范基地，2015年，醋庄葡萄被国家工商总局授予国家地理标志证明商标，2016年"醋庄葡萄"获评中国名优果品区域公用品牌，2017年被评为省级葡萄采摘园，2018年醋庄葡萄品牌价值5000万元。

（二）地标特点

醋庄葡萄产区位于鲁东南，是典型的沂沭河冲积平原。地理坐标为东经117°24′～119°11′，北纬34°22′～36°22′，该区地势平坦，土层深厚，水源充足，为葡萄的生长提供了得天独厚的条件，沿沂河、沭河两岸种植，水资源丰富，水质好，空气清新，生长在原自然生态环境，无污染。历年平均气温13℃。年均降水量852毫米。年平均日照2 558.3小时，全年无霜期185～230天，平均相对湿度为70%，雨量多集中在6月、7月，在8月、9月葡萄成熟季节，大多数年份天晴少雨，昼夜温差大，利于果实积累糖分。该区域具有冬夏季风的显著特点，在山东省气候区域内，属于最佳气候区，温度适宜，土地肥沃，当地多为平原，地势平坦，土层深厚，满足了醋庄葡萄不同季节生长需要。很多国内外专家先后实地考察，称誉醋庄葡萄产区是"中国的波尔多"。

经山东省环境检测站对醋庄葡萄产区的大气、水质、土壤进行系统测定，认为醋庄葡萄产区的土壤、大气、水质均达到绿色食品环境要求，其葡萄种植区的农业生态环境质量好，生态平衡维护较好，所产葡萄达到绿色食品标准。

（三）发展情况

醋庄葡萄的种植始于何时并没有详细的文字记载，据当地县志记载和民间传说，醋庄葡萄的种植，可以追溯到明朝嘉靖年间（1522—1566年），临沭县地名志记载"……靠近桃园建村，始称桃花园村，后因此村酿醋驰名，改称醋大庄，简称醋庄。"虽没有详细的文字记载，但据村内年长者记忆，当时酿醋的高姓大户人家主要就是用葡萄酿醋。据此推算，醋庄葡萄栽培历史至少在400年以上。现种植面积2.2余万亩，品种20余个，年产7万吨，被誉为"江北葡萄第一园"。

醋庄葡萄通过质量控制及诚信建设，快速进入了"规模化、品牌化、产业化"发展快车道。醋庄葡萄栽培面积快速扩大达到2.2万亩，实现了面积连年翻番。用优良品质铸就沂蒙生态品牌。醋庄葡萄用生态和生物农业技术、矿物源防病技术、避雨栽培技术、果穗整理和套袋等一系列有机葡萄标准化生产措施进行栽培管理，形成了独特的生态优势和品牌效应。通过每亩葡萄效益平均13 000多元，高的到达16 000元，是种植粮食的效益的十几倍，醋庄葡萄进入了快速发展时期，醋庄葡萄产量、品质大幅提升，葡萄产业迅猛发展，成为当地农业的主导特色产业，成为临沂市迅速成长的高效农业的一个缩影。

以质量优先谋划葡萄产业发展规划，以专业果蔬合作社为龙头，逐步形成"抱团"发展的产业化效应。积极引进葡萄优良品种和先进适用技术的推广应用，落实"六统一"（统一供应种苗、统一技术标准、统一质量检测、统一品牌营销、统一田间管理、统一技术培训）措施。已获得国家绿色食品认证5个，有机认证1个。常年对葡萄种植户进行打捆式质量提升和诚信建设培训，每年举办千人规模的大型培训班3～5次，进村培训30多场次。

（四）建设经验

通过落实六个统一，采取"基地+合作社+农户"的运作模式，种苗、农资统一购买分配率达100%，产品统一销售率91%，标准化生产率达到95%，提高产品品质。

通过文化传播，提高影响力。已经连续举办了三届葡萄文化节，让醋庄葡萄文化传播更远，影响更深。"一湾清苇，一抹阳光，一捧黄土，两架萄桩"书写着万亩醋庄葡萄园优美的生态，传承着"醋庄葡萄，爱的味道"。醋庄葡萄以"生态、和谐、健康、新生活"为主题，着力打造独具特色的观光园，形成颇具特色、融高效观光农业与旅游开发为一体的田园风光，成为沂蒙大地高效观光农业新景观。

加强市场宣传，提高产品销量。葡萄绿色长廊、葡萄观光采摘园等观光项目相继建设，将葡萄种植为主的第一产业与生态旅游为主的第三产业相有机结合的发展模式进行探索发展。精心给游客提供一个品尝葡萄、休闲纳凉、游览高品位葡萄观光园，游客可以在观瞻现代高科技设施农业的同时，了解有机农产品生产的知识，领略生态农业的风采，让人们在休闲中获得知识，在玩乐中接受环境教育，在游览中回归自然（图2-16）。

图2-16　醋庄葡萄

十七、沂蒙绿茶

（一）品牌概况

2013年"沂蒙绿茶"获得中华人民共和国农业部农产品地理标志登记，划定的产地保护范围临沂市所辖3区（兰山区、河东区、罗庄区）9县（费县、平邑县、苍山县、郯城县、临沭县、莒南县，沂水县、沂南县、蒙阴县）。地理坐标为东经117°24'00"～119°11'00"，北纬34°22'00"～36°22'00"。近几年，涌现出山东沂蒙绿茶叶股份有限公司、山东蒙山龙雾茶业有限公司、临沭县春山茶场等省市级龙头企业。"沂蒙绿茶"企业代表产品在"国饮杯""中茶杯""中绿杯"茶叶评比中获特等奖1枚、一等奖5枚、金奖1枚，银奖3枚；在中国茶叶博览会中获"优质茶园"奖3个、"优秀品牌"奖1个、"极具发展潜力品牌"奖2个。2016年"沂蒙绿茶"获得第四届中国茶叶博览会"有影响力的茶叶区域公用品牌"。2019年"沂蒙绿茶"参加中国茶叶区域公用品牌价值评估，价值11.49亿元。

（二）地标特点

临沂俗称沂蒙山区，地处鲁中南丘陵区东南部和鲁东丘陵区南部，北部为山区，南部为平原，整个地势大致呈西北高而东南低，山清水秀，地貌良好，素有"山多高，水多高"的特点，且境内水系发育呈脉状分布，有沂河、沭河、中运河、滨海四大水系，地下水源充足；土壤以棕壤、褐土为主，含有丰富的有机质和矿物质元素；年平均降水量为856.8毫米，常年平均日照时数为2 458.9小时。属于典型的暖温带大陆性季风气候，光照充足，雨量充沛，四季分明，茶树越冬期长，昼夜温差大，光合产物积累多，适宜优质绿茶生产，生产的"沂蒙绿茶"也因此而得名。

沂蒙绿茶栽培采用的茶树有性系品种以黄山群体种、鸠坑、福鼎大白为主，无性系品种有中茶108、鄂茶1号、龙井43、龙井长叶、福鼎大白、黄金芽等20多个。茶苗多以南方引进为主，部分茶苗本地繁育，茶园管理实施浅耕除草、深耕改土、间作铺草、合理灌溉、科学施肥用药，重点推广设施栽培、水肥一体化、绿色防控、越冬防护、有机肥替代化肥等新技术，发展生态茶园。茶叶加工按形状分为卷曲形、扁形、针形茶，每个茶类又分手工茶与机制茶，卷曲绿茶炒制工艺：摊放→杀青→摊凉→揉捻→干燥（做型、足干），扁形绿茶炒制工艺：摊放→青锅→摊凉→辉锅（辉干），针形绿茶炒制工艺：摊放→杀青→摊凉→干燥。产品目前以国内销售为主，通过品牌专卖店、超市、酒店、批发等各种形式销往全国各地。

（三）发展情况

1965年，临沂引进皖南槠叶群体种进行"南茶北引"试验，获得成功。1978年，设立茶叶试验研究站，同年省政府把临沂地区划为茶叶生产基地。到1980年茶叶种植面积2 100公顷，产量381吨。此后创立"沂蒙雪芽""银剑""松针"等绿茶名牌。1990年以后，临沂开始发展无性系茶园，品种主要有龙井43等8个品种。

据临沂市统计局统计，2018年年底临沂市茶园面积3万亩，干毛茶产量1 674.5吨。临沂独特的气候和地理环境造就了"沂蒙绿茶"享有"叶片厚、耐冲泡、内质好、滋味浓、香气高"的美誉，受到广大消费者的青睐。

2013年"沂蒙绿茶"通过中华人民共和国农业部农产品地理标志登记。2015年，临沂市质量技术监督局发布《地理标志产品　沂蒙绿茶》《沂蒙绿茶标准化栽培技术规程》两个地方标准，统一了"沂蒙绿茶"品质、栽培标准，并于2017年均获得临沂市标准创新贡献优秀奖。

（四）建设经验

在不断提高茶叶品质的同时，加强"沂蒙绿茶"品牌宣传和推介，发展母子品牌，组织代表性企业参加茶博会、绿博会、展销会、茶叶评比、品牌评估等全国性茶叶活动，不断扩大品牌知名度和影响力（图2-17）。

图2-17　沂蒙绿茶

十八、莒南绿茶

（一）品牌概况

莒南县是北方茶区最早实施"南茶北移"的县区之一，至今已有50多年的茶叶生产历史。全县茶园种植面积8万亩，年产优质绿茶4 500吨，是北方绿茶生产重点县，1996年被命名为"中国茶叶之乡"。

"莒南绿茶"于2010年4月通过地理标志认证（证书编号：AGI00276），品牌持有单位是莒南县果茶技术推广中心。支撑品牌的企业主要有临沂市玉芽茶业有限公司、莒南县老子峪茶业有限公司、莒南县松山春茶厂、莒南县环河茶叶有限公司、临沂济生春茶业有限公司等。在历届全国农业博览会、国际农业博览会、中茶杯、国饮杯、觉农杯和省市名优茶评比中，莒南绿茶共获得"中国名牌产品""国际茶博览会金奖"等市级以上大奖311项，其中国家级77项、省级101项、市级133项。莒南绿茶产业规模和品牌知名度在全省名列前茅。

（二）地标特点

莒南绿茶品质优良。具有叶片肥厚、外形绿润壮实、香气栗香浓郁、汤色黄绿明亮、滋味鲜醇爽口、叶底嫩绿明亮等特点，营养丰富，氨基酸、茶多酚、水浸出物三项指标较南方茶含量略高，茶多酚与氨基酸比值小于10，为绿茶品质最佳比例，能使茶汤清香甘醇，耐冲泡。由于莒南特殊的环境条件，使莒南绿茶富含多种有益矿物质。因此，莒南绿茶是一种理想的健康饮品。原中国茶叶研究所所长程启坤先生品尝玉芽茶后欣然赞誉"南有杭州龙井，北有沂蒙玉芽。"

（三）发展情况

莒南县以低山丘陵为主，系崂山——五莲山脉余脉。土壤共分为五个土类，其中以棕壤土为主，潮土、褐土、水稻土、砂姜黑土较少。莒南县境内历来有本地茶树，据民国26年（1937年）《重修莒志》记载："茶有数种，不知焙制之法，仅供农家之用。"但到后来这些茶树已难觅踪迹。新中国成立以来的1957年前后，根据中央实行绿化与生产相结合的方针，山东省委第一书记在"整山治岭现场会"上提出"治山要统一规划，山上造林、山腰建果园、茶园……"由此拉开了"南茶北引"工程的大幕。1965年春，莒南县相沟区林业站董正书从杭州茶科所引进4个品种，在后古城村试种5亩，开启了莒南茶叶栽培的新篇章。后经多年发展，现已成为莒南县优势特色农业产业。

莒南绿茶生产栽培技术先进。建园选在旱能浇、涝能排、远离厂矿企业、土壤和灌溉水无污染的地块，生态环境优良。品种主要有福鼎大白、祁门褚叶齐以及龙井长叶、迎霜等无性系茶树良种。土、肥、水管理科学合理，土壤培肥以腐熟粪肥、饼肥、沼液、沼渣和生物菌肥为主，进行配方施肥，并且实施行间覆草制，每年夏冬两季在茶行覆盖麦秸、麦糠。病虫害实施绿色防控技术，坚持综合防治的原则，优先采用农业防治（适度嫩采、适时修剪、耕锄培土、清园疏枝、及时封园等）、物理防治（挂设太阳能杀虫灯、悬挂黄蓝粘虫板等）和生物防治（释放天敌、喷施生物农药等），农药使用种类和安全使用次数均按照国家绿色食品、有机农产品或无公害农产品标准执行，产品达到农产品质量安全认证标准。茶叶制品实施清洁化加工技术，按不同名优绿茶的工艺流程加工，分级包装后上市或保鲜库贮存。

（四）建设经验

莒南绿茶享誉省内外。莒南县被中国农科院茶叶研究所列为有机茶生产试验示范基地，先后被评为全省名优茶生产基地、省级农业标准化生产基地、省级标准茶园示范基地。县内"玉剑""老子峪""环河""济生春""松山春"等茶叶品牌分别通过有机产品、绿色食品和无公害农产品认证，玉剑牌获山东省著名商标称号。2010年4月，"莒南绿茶"通过国家农产品地理标志保护认证（图2-18）。

图2-18 莒南绿茶

十九、平邑金银花

（一）品牌概况

"平邑金银花"于2007年9月6日获得中国地理标志产品认证，2009年9月14日通过地理标志证明商标注册。山东省金银花行业协会开发"平邑金银花防伪溯源管理系统"，统一印制、管理、授权"平邑金银花防伪溯源码"，微信扫一扫即可查询"防伪保真、溯源之旅、购物商城"信息。围绕金银花产品瓶贴、包装盒、手提袋、包装袋贴，获得四项外观设计专利，实行有效维权保护。山东省金银花行业协会是"平邑金银花"地理标志证明商标持有单位及运营单位。支持公用品牌的旗舰企业主要有平邑县鲁蒙茶业专业合作社、山东九间棚金银花茶业有限公司、北京金翘生物科技有限公司、山东惠普生物科技有限公司等50余家。

2018年，被评为第三批山东省知名农产品区域公用品牌，山东省金银花行业协会被评为山东省商标使用示范单位。2019年度，平邑县创建山东省优质金银花基地获品牌价值十强第七位，品牌强度867，品牌价值258.1亿元；平邑县获批首批山东省特色农产品优势区，成功创建平邑金银花省级农业科技园区。

（二）地标特点

平邑县地处南北气候过渡带、沂蒙山腹地，金银花品种资源丰富。该县有85%的山地丘陵，地形地貌起伏多变，光照、温度和降雨适宜，土壤为棕壤，昼夜温差大，这些特殊的自然生态条件，赋予了平邑金银花明显特点：根系发达，深入土壤可达7米以上；喜光、喜氧、喜棕壤；耐寒、耐旱、耐瘠薄；花蕾肥大、上粗下细、略带弯头；色泽纯正、味道清香、品质上乘、药效独佳。平邑金银花呈棒状，上粗下细，略弯曲，长2～3厘米，上部直径3毫米，下部直径1.5毫米，表面黄白色或绿白色。品牌口号是"平邑金银花，品质赢天下"。

（三）发展情况

平邑县是金银花原产地和主产区，著名的中国金银花之乡，有200多年人工栽培历史。现有种植面积65万亩，年产干花1.8万吨，产量占全国的60%以上。

多年来，平邑金银花发展始终坚持"上山不下滩，不与粮争地，不与菜争田"的种植方式。2003年，"平邑县金银花护埂模式"被收录到由科学出版社出版的《中国水土保持生态建设模式》一书向全国推广，平邑县被评为"全国水土保持先进县"。2018年开始规划建设的平邑金银花绿色生产百里长廊亦是环山而行，集中绿色生产、休闲观光、科普教育和乡村振兴于一体。百事得其道者成。悠久的栽培历史，道法自然的文化传承，是平邑金银花独特品质形成的重要人文因素。

"平邑金银花"区域公用品牌在开展精准扶贫和促进县域、镇域经济方面发挥重要作用。至2018年年底，平邑金银花产业产值突破41亿元人民币，带动31万人就业创业。2015—2019年，累计带动贫困户5 035户、贫困人口8 028人实现脱贫致富，占全部脱贫户的15.3%，户增收4 417元。2017年8月，在"全国工商和市场监督部门地理标志商标精准扶贫经验交流会"上，山东省临沂市平邑县作为地理标志商标精准扶贫典型县做经验交流。2019年5月18日，京东中国特产平邑扶贫馆上线运行。

2018年，《中国品牌》杂志社区域农业品牌研究中心颁发证书，"平邑金银花"获2018年中国区域农业品牌影响力排行榜——区域农业产业品牌·中药材类第6位（影响力指数62.09），进入中国区域农业品牌影响力排行榜百强。2018年5月，"平邑金银花"获得"山东省知名农产品区域公用品牌"。2019年5月，中国品牌建设促进会颁发《2019中国品牌价值评价结果通知书》，地理标志产品

"平邑金银花"的品牌强度为784。

（四）建设经验

顶层设计。建立"政府+协会"双轨协同品牌培育机制。山东省金银花行业协会、平邑县金银花果茶发展促进中心（原平邑县金银花果茶管理办公室）和政府相关部门共同推进区域公用品牌的培育。

品质管控。通过建立了平邑金银花标准体系和追溯体系，搞好全程品质管控。一是制定发布实施山东省地方标准《地理标志产品平邑金银花》（DB37/T 2763—2016）；二是规划建设平邑金银花绿色生产百里长廊和平邑金银花标准化种植基地。先后成功创建"全国绿色食品原料标准化生产试点单位""2014年度中国优质道地中药材十佳规范化种植基地""2015年创建山东省优质金银花产品生产基地""中国优质道地中药材十佳规范化种植基地""2015年度创建山东省优质金银花产品生产基地（平邑）"。此外认证GAP基地5家、GMP企业9家、GSP企业15家。

文化传播。截至2019年，共举办十届中国（平邑）金银花节（论坛、产业发展峰会）、举办三届"沂蒙花海、金银花乡"金银花摄影暨航拍大赛。创作完成《花乡美》《金银花香飘漫天》两首歌曲，已由中国文联出版社出版发行。

品牌管理。建立"区域公用品牌+企业产品品牌"母子模式，区域公用品牌"平邑金银花"作为"母品牌"，孵化带动企业产品"子品牌"不断成长。创建"平邑金银花旗舰店"实体店、网站和微信公众号。

政策支持。为切实搞好基地品牌建设，县里专门设立金银花产业专项发展基金，用于产学研、成果转化、标准制定、产品营销、基地建设、产业发展峰会等系列品牌赋能和创建活动，形成品牌培育合力（图2-19）。

图2-19　平邑金银花

二十、沂州海棠

（一）品牌概况

沂州海棠是以3 000多年历史的沂州木瓜树作砧木嫁接优品海棠选育栽培的新品花卉，在国内第一个实现批量北花南销，被誉为"北花南运"第一品。沂州海棠花是蔷薇科木瓜属的观赏植物群体，为临沂市市花。2011年"沂州海棠"获批地理标志商标。2008年沂州海棠在第五届全国林产品交易会上获得金奖，2010年被评为临沂市花。

（二）地标特点

沂州海棠具有品种多、花色全、花期长、观赏价值高、易栽好养等诸多大众化普及的优良特性。目前已选育出沂州海棠品种20多个，花色多样，花茎达4～10厘米，花瓣有单瓣、复瓣和重瓣，花期长达30～50天。

沂州海棠既可观花，又可观果；既可作盆栽，又可搞高档盆景；既是城市、公园、道旁绿化的理想品种，又是单位、家庭装饰的美好花卉，具有较高的观赏价值。同时，因其花期长、花朵大、花色艳，具有对土壤、气候适应性强的独特优势，还可做大规模风景绿化种植。长期栽培利用的有沂蒙红、时代红、绿宝石、锦绣彩、醉西施、蓝黛颜、长寿乐7个性状稳定、表现优良的沂州海棠品种。人们已经较为详细地掌握了各品种的植物学特性、物候期、繁育种植管理技术，为促进沂州海棠品种资源审定、开发应用优良沂州海棠花卉资源、扩大沂州海棠种植规模、提高经济效益以及改善人们的生活居住环境提供了技术依据。

（三）发展情况

目前，汤河镇海棠种植总面积达到2.8万亩，已销售各类苗木花卉2亿多株，销售收入达5亿多元，大南庄、后东庄、前东庄三个村的群众平均每户收入12万元以上。全镇粮经比例达3：7，已建6处科技示范园区，并与科研院校合作，成立1家"沂州海棠研究所"、2家沂州木瓜研发中心和13家种植专业合作社，发展科技带头人600多人，无粮专业村8个，各类苗木品种200余个，其中沂州海棠育有木瓜属海棠、苹果属海棠两大系列，沂蒙红、长寿乐、绿宝石、时代红、西府、锦绣彩、报春等30多个品种。由于沂州海棠花色好、花期长、易栽好养、适应性强以及观赏价值高、经济效益好、市场潜力大，花卉盆景畅销广州、上海、北京等26个省、市、区，远销韩国、日本、新加坡等十几个国家和地区，深受国内外市场欢迎。

近年来，为提高知名度，树立品牌形象，汤河镇党委、政府成功举办了四届"临沂市沂州海棠（市花）节"，汤河镇被上级有关部门授予"中国海棠之都"。

（四）建设经验

河东区汤河镇坚持以市场为导向，以科技为先导，重点发展苗木花卉特别是以沂州海棠为主导的特色产业，不断加强苗木生产的良种化、标准化和产业化建设，涌现出一大批专业村、专业户及龙头企业，河东区春卉沂州海棠种植专业合作社便是优秀代表。在苗木产业发展上，汤河镇具备了雄厚的资源优势、技术优势和群众优势，积累了丰富的经验，成为全省重要的林木种苗生产基地，特别是在海棠种苗生产培育方面，规模较大，经济效益、社会效益显著（图2-20）。

图2-20 沂州海棠

二十一、临沭柳编

（一）品牌概况

临沭县杞柳栽培与加工历史悠久，经过千年的积淀、60多年的产业化、十多年的集群化和近几年的创新化发展，持续融合了资源、人文、历史、艺术、创新等特色，逐步形成了以美艺、金柳、陆祥、荣华、晴朗等160余家企业，集种植、加工、出口为一体的外贸出口型产业体系。2009年临沭县被中国工艺美术协会授予"中国柳编之都"称号。

目前注册了"晴朗""白云""欧朵拉""欧拉""鲁美达""生态树屋""金柳"等商标品牌30多个，申请专利260多项；6家柳编加工企业被评为省级"农产品加工龙头企业"，10家柳编企业评为市级"农产品加工龙头企业"，荣华、白云、晴朗、鲁美达等企业被评为省级优质产品基地骨干龙头企业。12家企业为"山东省重点文化产品和服务出口企业"，3家企业为"国家文化出口重点企业"；临沭柳编已成为临沭县的特色文化产业，经中国品牌建设促进会评估，区域品牌价值达18.57亿元，品牌发展力全国排名第1位。习总书记来临沭考察时，对临沭的柳编产业给予了高度评价。

（二）地标特点

早在唐朝贞观年间，以柳命名的临沭县"柳庄村"村民，就以传统手工艺将沭河岸边的"杞柳"编织成箱、囤、斗、升、笾子、簸箕等生产、生活用品，其产品具有经济环保、艺术观赏等特点，深受群众喜爱。在临沭民间流传着许多关于柳的典故、传说和神话故事，例如柳编女、柳老爷庙、柳毅传书、沭河托篮、"泼儿筐"等故事，创作了以柳编文化为题材的长篇小说《柳王》。

（三）发展情况

临沭县杞柳栽培与加工历史悠久，经过千年的积淀、60多年的产业化、十多年的集群化和近几年的创新化发展，目前，临沭柳编家居工艺品现有柳篮、家具、装饰、园艺等数十大类、2万多个花色品种。产品出口东南亚、日本和欧美等120多个国家和地区。2018年，临沭县柳编制品实现出口13.6亿元，占全市柳编制品出口的55.6%，全国柳编制品出口的22%。

1973年，临沭县柳编产品被纳入国家首批柳编出口计划；1978年，组建了全国最早的柳编制品外贸企业——临沭县工艺美术公司；1979年即实现柳编工艺品出口180万元，产品多次获国家、省市奖项；2000年3月被国家林业局命名为"中国名优特经济林杞柳之乡"；2007年8月被山东省政府授予"山东省柳编制品产业基地县"；2009年6月被中国工艺美术协会授予"中国柳编之都"称号；2010年，"临沭柳编"地理标志在国家工商总局成功注册；2011年"山东省级外贸转型升级示范基地"和"山东省农产品出口示范基地"；2012年确定为"山东省非物质文化遗产"，临沭柳编产业基地确定为"国家文化出口重点基地"；2015年创建成"国家级出口柳编质量安全示范区"；2018年创建成"国家级外贸转型升级基地（柳编产品）"。

（四）建设经验

1.加强组织保障

成立了以县政府领导为组长、各职能部门负责人为成员的"临沭县柳编产业发展领导小组"，下设"临沭县柳编产业发展管理办公室"。县政府每年定期召开全县柳编产业发展大会。同时成立了临沭柳编商会，定期召开理事会会议和会长会议，研究和解决工作中遇到的困难和问题，促进柳编产业发展。

2.加强政策支持

县委、县政府出台了《关于进一步促进条柳产业加快发展的意见》等政策性文件，重点对临沭县杞柳种植、柳编人才培育、柳编企业国内国际市场开拓、品牌建设、国际体系质量认证、应对国际贸易壁垒等给予财政支持，2018年临沭县财政兑现扶持资金94万余元。这些政策的出台为柳编产业的健康发展创造了良好的发展环境。

3.加强品牌建设，提高产业竞争力

一是搞好品牌建设宣传和培训，提高柳编知识产权保护意识。二是积极组织企业品牌认定，提升企业品牌的知名度和认可度。三是加强区域品牌建设，促进临沭柳编品牌营销。临沭县委县政府高度重视区域品牌建设，注重产品质量监督，搞好标准制定，加强行业管理，打造临沭柳编的区域品牌。四是建设中国柳编展览艺术馆，树立品牌形象。县政府投资6 800万元建设中国柳编文化艺术馆，艺术馆的建设是中国柳编产业发展史上的一个里程碑，对弘扬柳编文化事业、挖掘柳编艺术内涵、促进柳编文化交流、引导柳编产业开发、保护柳编文化遗产起到重要作用。

4.加强研发平台建设，提高综合服务能力

一是成立研发机构，建设公共服务和研发平台。成立柳编研究所和柳编研究院，进行杞柳病虫害防治研究，研发国内市场新产品，搞好临沭柳编行业标准的制定和推广。二是为柳编企业提供技术咨询、技术培训和技术信息服务，降低企业技术研发成本。促进

重点企业与清华大学美术学院、山东艺术学院等高等院校结对，提高企业研发应用，提升创新产品的能力。近年来，全县杞柳种植基地建设总投资达到1.4亿元，共恢复改善条柳灌溉面积达到5万多亩；北大荒杞柳种植面积发展到5万亩；自2012年以来，共投资20亿元，完善园区内的基础设施和公共服务设施建设。规划和筹建了"中国柳编文化创意园区"和"中国柳编制品集散中心"，打造宣传"中国临沭柳编之都"。

柳编线上销售也有了新突破，涌现了"宜然家居旗舰店""金柳家居旗舰店"等品牌网商和6个柳编"淘宝村"，2018年实现柳编国内线上零售额过2亿元。为弘扬柳编文化，促进柳编文化交流与研究，临沭县政府投资6 800万元建设了中国柳编文化艺术馆（图2-21）。

图2-21　临沭柳编

二十二、临沂沂蒙黑猪

（一）品牌概况

沂蒙黑猪是山东省宝贵的地方品种资源，也是山东省最早被列入国家品种志的三大地方品种之一，主要饲养于临沂市沂蒙山区的丘陵地带，分布在沂水、沂南、罗庄、平邑、费县等地。沂蒙黑猪抗逆性强，具有肉质鲜美、耐粗饲、耐寒冷、耐热、繁殖能力强、抗病能力强等特点。2014年7月，临沂沂蒙黑猪被认定为农业部农产品地理标志产品。标志持有人为临沂市畜牧站，已授权山东富通农牧发展有限公司使用该标志。2018年，沂蒙黑猪获中国区域农业品牌力排行榜区域农业产业品牌畜牧类第10位。

山东富通农牧产业发展有限公司作为标志授权使用单位，是全国唯一的沂蒙黑猪原种场、保种场，多年来致力于沂蒙黑猪的保护和开发，选育出的"江泉白猪"新品系已被获农业部批准，"江泉"牌沂蒙黑猪品牌获无公害产品称号。

（二）地标特点

临沂市境内气候温和，雨量充沛，林木茂盛，产区内山多、林多、荒坡多，饲料饲草资源丰富。沂蒙黑猪以散养放牧为主，临沂市独特的地质地貌、气候条件和饲料饲草资源为沂蒙黑猪的发展提供了广阔的前景。

临沂养猪历史悠久，费县孔家汪墓群、沂南北寨汉墓出土文物中的"陶猪""滑石猪"，都佐证了临沂养猪的传统。民国时期，沂蒙黑猪就已远销济南、青岛等地，产区还形成了春买仔猪，夏、秋放牧，入冬催肥出售的养殖方式。尤其在秋季，地瓜、花生收获后，随处可见野外放牧的黑猪群，俗称"放茬子"，还有着"赶不尽的蒙山猪"的美名。

沂蒙黑猪被毛全身被毛黑色、稀少，背部有鬃毛，皮肤灰色。体型中等，体质健壮，结构匀称紧凑。典型的体型外貌为："金钱顶，罩耳朵，灰皮稀毛，双脊背"。肉质，肉色红色有光泽，肌肉有弹性，肉质细嫩，味美多汁，食用时香而不腻。沂蒙黑猪肉质营养丰富且柔软易于消化，蛋白质、氨基酸、不饱和脂肪酸等含量较高，其中与风味有关的苏氨酸、丙氨酸、谷氨酸、赖氨酸等含量比普通商品猪肉高30%以上，不饱和脂肪酸比普通商品猪肉高5%以上，是食品中的佳品。

（三）发展情况

　　沂蒙黑猪现有原种场一处、扩繁场三处，全市保有沂蒙黑猪近2万头。在品牌开发方面，"江泉""诸葛宴"等沂蒙黑猪品牌占据临沂市高端黑猪肉市场，更是远销北京、上海、江苏及省内济南、青岛等地，受到消费者的普遍欢迎。目前的沂蒙黑猪养殖保留了传统的养殖模式，多以散养放牧为主，各养殖企业利用临沂地区山多、林多、荒坡多的优势，在"有山有水无人"之丘陵地带发展沂蒙黑猪的养殖。沂蒙黑猪栖息于窝棚，放牧于草滩，觅食于果园，穿梭于丛林，嬉水于池塘，而后尽享日光浴于沙土之上。

（四）建设经验

　　为了打造沂蒙黑猪品牌形象，依托市级畜牧系统，积极争取省市政策、资金的支持，对沂蒙黑猪保种企业给予育种资金支持，保证种源的质量，制定相关生产标准规程，规范生产过程。目前已打造了育种—生产—加工—营销的全产业链，保障产品的绿色安全。为了更好地宣传和推介沂蒙黑猪品牌，每年都积极参与中国农产品区域公用品牌调查，并组织相关企业参与相关展会、博览会，2018年10月，还代表山东省参与了农业部组织的第十六届中国国际农产品交易会（图2-22）。

图2-22　临沂沂蒙黑猪

二十三、蒙山黑山羊

（一）品牌概况

"蒙山黑山羊"于2012年5月2日由平邑县鹰窝峰畜禽养殖专业合作社申报获得农产品地理标志登记证书。准予登记并允许在农产品或农产品包装物上使用农产品地理标识。在2015年中国农产品区域公用品牌价值评估中，蒙山黑山羊品牌价值为0.95亿元人民币。

当前，蒙山黑山羊在平邑县主要是有平邑县曙辉畜禽养殖专业合作社，平邑县鹰窝峰畜禽养殖专业合作社，平邑县蒙山黑山羊养殖场3家比较大的企业支撑。

（二）地标特点

蒙山属东南亚暖温带季风性气候，四季分明，植被茂密，生态环境优美。森林覆盖率高达85%，被誉为"天然大氧吧""森林浴场"。中国科学院环境评价部于1998年3月，对龟蒙景区空气中的负氧离子和氧气含量进行了测定，测定结果为蒙山空气中负氧离子含量220万个/立方厘米，是有明显生物效应浓度（>10万个/立方厘米）的20倍，是北京生态中心的176倍，氧气含量最高为20.98%，比北京生态对比中心高0.55%。空气中负氧离子浓度>10万个/立方厘米，可产生明显的生物效应，可以促进人体血液循环，改善睡眠，增强食欲，提高免疫力。

沂蒙山区自古以来就有养羊的传统，平邑县蒙山黑山羊养殖场刘敬松，祖孙三代一直在蒙山深处养殖黑山羊，正在筹备申请非物质文化遗产方面的工作。蒙山黑山羊作为地方特色产品之一，蒙山黑山羊因喜欢爬高山，饮山泉水，吃的是百草，吸的是天然氧吧。散养和野性是蒙山黑山羊最大的特点。蒙山黑山羊肉质色泽鲜红、细嫩、味道鲜美、膻味小，是具有高蛋白、低脂肪、富含多种氨基酸的营养保健食品。

（三）发展情况

2013年，成立了平邑县曙辉畜禽养殖专业合作社、平邑县鹰窝峰畜禽养殖专业合作社。并且先后被评为市级规范化合作社（场）、规范化养殖场、临沂市消费者放心单位、临沂市高效农业产业项目等荣誉。在临沂市农业科学研究院的指导与支持下，2012—2015年先后与县畜牧兽医局、临沂大学、县科技局合作完成了蒙山黑山羊保种提纯项目。通过项目实施，平邑县曙辉畜禽养殖专业合作社形成了沂蒙黑山羊羔羊早期断奶营养需要技术1套，形成沂蒙黑山羊系统培育技术规范1套，并且农户参与数由最早的147户扩展到周围6个乡镇1 000余户，合作社自身新增就业人员8人，带动周围1 000余户参与蒙山黑手羊的养殖和销售。

2012年平邑县蒙山黑山羊被列为"国家地理标志产品"；2013年平邑县蒙山黑山羊通过了农业部的"无公害农产品认证证书"；2016年年初又通过了"有机羊肉认证证书"。养殖场先后被评为市级规范化合作社（场）、规范化养殖场、临沂市消费者放心单位、临沂市高效农业产业项目等荣誉。2017年，蒙山黑山羊品牌联合创始人刘敬松、廉士铸整合蒙山黑山羊品牌资源，决定把蒙山黑山羊的地理标志、有机、无公害等以及驰名商标"蒙山鹰窝峰""鹰窝峰"商标资源整合到一起。2018年，利用"拉馋羊"商标，整合市场前端优势，建设蒙山黑山羊第一家特色文化餐厅《蒙山黑山羊品鉴馆——临沂店》。

（四）建设经验

1. 顶层设计

以蒙山黑山羊地理标志产品为主线，建设沂蒙山区黑山羊的开创者和践行者，实现从养殖、屠宰、加工、餐饮、线上线下销售"全产业链"建设。

2. 品质管控

散养与规模化饲养相结合，严格按照"一羊一标"身份证管理。按照平邑县畜牧兽医局蒙山黑山羊养殖技术管理流程进行管理。

3. 文化传播

以"蒙山深处养羊人"为主线，大学生返乡创业故事为主线。

4. 推介营销

积极举办会议营销，参加展会营销，还重点在社群营销方面进行了积极的探索，利用浅知读书会，新零售课程，立人学校等。

5. 品牌管理

初步成立了养殖，屠宰和实体店的完善，注册"拉馋羊"，以"野味不常有，吃点黑山羊拉拉馋吧"为广告语。

6. 政策支持

2013年以来，平邑县畜牧兽医局先后投入50多万元，启动了蒙山黑山羊保种提纯复壮，并且先后联系在山东省农科频道、临沂生活频道等进行了报道（图2-23）。

图2-23 蒙山黑山羊

第三篇　沂蒙优质农产品企业产品品牌篇

临沂市在沂蒙优质农产品企业产品品牌建设中，发挥全域形象品牌引领作用，强化区域产业品牌支撑作用，抓住质量、文化、营销三大重点，搞好企业产品品牌差异发展，打好生态绿色、沂蒙红色、地标特色、创新蓝色、创意花色"五张牌"，培育了一批在国内外有较大影响力的企业农产品品牌。

在打好生态绿色牌方面，紧紧围绕良好生态环境、提高质量安全水平培育品牌，涌现出了清春蔬菜、春曦茶叶等品牌；在打好沂蒙红色牌方面，发挥沂蒙精神、沂蒙革命历史文化等独特红色优势，培育出了沂蒙小调特色食品、沂蒙雪尖茶叶等品牌；在打造地标特色牌，利用独特品种资源、优势产业资源、历史文化资源，培育出了沂蒙风采蜂蜜、诸葛宴猪肉等品牌；在打造创新蓝色牌方面，采取科技创新、产品创新、产业链创新、营销方式创新，培育了金胜粮油、效峰食用菌等品牌；在打造创意花色牌方面，开展文化创意、产品创意、故事创意，打造了豆黄金豆制品、沙沟香油等品牌。

我们从沂蒙优质农产品众多知名品牌中，选取了产品特色鲜明、科技创新突出、注重质量控制及诚信建设、注重宣传推介及市场营销，品牌获得省及省以上荣誉（包括省知名农产品品牌目录、省著名商标、全国驰名商标、全国性博览会优质产品等）的21个农产品、食品及农林加工品案例进行介绍。

一、"大仓"面粉

（一）企业概况和品牌情况

山东大仓食品股份有限公司始建于1958年，前身为国有沂水县粮食加工厂，1994年改制为国有控股企业，2004年改制为民营企业。注册资本1 063万元，资产总额8 500万元，职工160人，其中工程技术人员32人。于2014年1月1日整体迁入新建厂区。主要从事面粉、挂面的生产和销售，年产面粉10万吨、挂面1万吨。

该公司注册"大仓"商标，从质量入手，通过市场营销扩大宣传，先后获得"山东省精神文明单位""国家二级企业""山东省粮办工业三十佳企业""山东省粮食系统先进集体""山东省食品安全诚信单位"等荣誉称号；"大仓"牌面粉也先后获得"商业部优质产品""山东面粉推荐品牌""临沂名牌""中国绿色消费品""国家无公害农产品""山东名牌"等荣誉称号；2003年7月"大仓牌"商标被评为"山东省著名商标"。

（二）产品特色及科技创新

2013年年底，该公司在沂水城北工业园投资6 000万元迁建的技改项目顺利竣工。该技改项目新建生产车间9 200平方米，办公楼、宿舍及食堂3 800平方米，原料库5 000吨，成品库2 000吨，新上年产8万吨等级面粉、1万吨高档挂面和日产6万个馒头的高端生产线各一条。厂区的整体迁建实现了公司业务的腾笼换鸟、转型升级，为企业创造了良好的硬件设施和发展空间，使企业走上了快速发展的上升通道。

该公司制粉历史悠久，新厂区设备采用国内先进水平的无锡布勒公司生产的MDDK 1000/250型磨粉机和安科数字化色选机（6SXM-400B2）以及PLC自动控制系统等先进设备，对面粉生产工艺进行了技术创新，经过69道磁选，7道筛选，4道碾打刷，3道去石，1道洗麦，保证了入磨小麦的纯度，形成了严密的质量控制系统，科技含量和自动化程度处于同行业国内领先水平，大大提高了产品质量和劳动生产率。

（三）质量控制及诚信建设

多年来，该公司始终坚持"以质量为中心，以品牌促效益"

的经营理念，通过实施绿色食品品牌战略，加强企业管理，进行产品结构调整，满足了市场需求，促进了企业的发展。经过几代大仓人的努力，积累沉淀下来"诚实守信，用良心做面粉"的企业文化，"吃放心面，选大仓牌"的消费理念已深入区域消费者的内心。2004年该公司通过ISO9001国际质量体系及HACCP食品安全管理双体系认证。

（四）宣传推介及市场营销

该公司的产品销售以临沂市所辖区域为中心，销售网络辐射至周边省市及广东、北京和东三省等地区，"大仓牌"面粉和挂面以其优越的产品质量赢得了广大消费者的青睐（图3-1）。

图3-1 大仓面粉

二、沂雪面粉

（一）企业概况和品牌情况

山东信和沂雪食品有限公司成立于2014年6月，占地面积80亩，总投资1.2亿元，是一家集面粉深加工、面条加工、花生油加工等为一体的综合涉农企业。面粉深加工生产车间建筑面

积8 000平方米，面粉生产线投资7 000多万元，采用全封闭无尘面粉生产新工艺，日设计生产能力500吨；食用油生产线日处理花生100吨，是沂南县规模最大并取得生产许可证的唯一一家食用油加工企业。

该公司生产的"沂雪"牌小麦粉，获得"临沂市绿色优质农产品""沂蒙特产放心品牌""沂蒙优质农产品知名品牌"等荣誉称号；"沂雪"商标荣获"山东省著名商标""中国著名品牌""2016临沂名优食品十大影响力品牌"等称号。

（二）产品特色及科技创新

原粮精选了沂蒙山区公司生产基地优质高筋小麦。

生产过程中研磨次数少，降低了小麦胚乳组织结构的破坏。

富含硒元素，硒元素可以提高人体免疫力，改善体质、增强记忆力。

感观粉色乳黄，性松散，不黏手，韧性强，筋力大，稳定时间长。

保留了小麦固有的营养成分：蛋白质、脂肪、维生素和钙、铁、磷、钾、镁等矿物质。

红嫂情、源于情、传递爱。该公司一直坚持立足诚信、科技创新，不断为社会各界提供健康、安全、放心的面粉。

（三）质量控制及诚信建设

"民以食为天，食以安为先"。该公司从小麦种植源头抓起，自建优质小麦生产基地5 600亩。与山东省农业科学院合作，将省农业科学院培育的降糖小麦良种在小麦基地采取公司+基地+农户+合作社的生产模式进行繁育和推广，实行"统一管理、统一供种、统一技术、统一质量、统一收购"，带动农民种植优质高筋小麦，实现了企业增效、农民增收和产业发展，形成了一个安全健康、真正零添加剂的绿色产业链条。

该公司被评为"全国质量诚信双保障联盟单位""山东省卫生等级A级单位""市级农业产业化重点龙头企业"。

（四）宣传推介及市场营销

该公司加大宣传，并引进世界最先进的瑞士布勒生产线，生产过程采用全封闭无污染、低温生产新工艺。

该公司一直坚持从源头抓产品质量。目前拥有高标准优质小麦生产基地万余亩。先进的设备、优良的工艺、严格的管理，保证了产品的优良品质。坚持用良心做产品，坚持零添加，保证产品原汁原味。生产的砂子粉系列不含任何添加剂，通过采用特殊工艺将精磨的面粉造成微粒，形似砂子，此种面粉便于长期保存，不易发霉，加水和面不黏手，筋道有劲。砂子面粉可制作出皮薄细腻、光洁透明、不粘连、不混汤的饺子及起发效果佳、香气诱人的包子、馒头等。该产品非常适合家庭、宾馆、面馆制作馒头、拉面、蒸包、花卷等各种高档面食（图3-2）。

图3-2 沂雪面粉

三、沂蒙小调特色食品

（一）企业概况和品牌情况

山东省费县沂蒙小调特色食品有限公司成立于2002年7月，厂区建筑面积达8 100平方米，拥有资产5 796万元，固定职工146名、两个标准化实验室、7项国家专利、一项国家星火计划支持项目、三条现代化生产线。企业通过了ISO22000质量管理体系认证和2A级企业标准化管理良好行为认证，是临沂市农业产业化市级重点龙头企业，"费县核桃"省级农业科技园领军企业和全国放心粮油示范加工企业。核桃油贮藏稳定性的研究获临沂市科技进步二等奖，核桃脱涩高值加工技术及推广应用获"中国林业产业创新奖"。

中国经典民歌《沂蒙山小调》1940年伴随着战火硝烟诞生于费县北部山区，依此衍生的红色经济品牌"沂蒙小调"，2002年为沂蒙小调特色食品有限公司注册所有，传承着沂蒙红色文化基因，奏响着市场经济浪潮的乐章。公司总经理李怀珍是2009山东省十大影响力劳模、全国杰出创业女性、全国五一巾帼奖和全国"五一劳动奖章"获得者和连续三届的省人大代表。

"唱响沂蒙小调 铸造放心名牌"。"沂蒙小调"如今是山东省著名商标，产品涵盖核桃制品、特色食品等八大系列上百个品种，获2017年中国特色旅游商品大赛铜奖、2018年山东省文旅商品创新设计大赛银奖，荣获"中国品牌旅游产品"称号，品牌评估价值2.85亿元。强大的无形资产，铸就了"品牌兴农"的根基。

（二）产品特色及科技创新

沂蒙特色食品地域特征突出，传统文化浓郁，技术工艺独到，创新融合，传统产业焕发新活力。其中研发新兴核桃食品，引领着核桃产品新潮流。自主开发的核桃油、巧克力核桃、枣蓉核桃、智首核桃仁等核桃家族系列产品，风味时尚。核桃油采用核桃仁，进行低温物理冷榨，21层过滤，富含多种氨基酸成分。作为核心精华，润脑良品，特别适合幼儿、脑力工作者、中老年人消费。"每餐吃一勺,有个好大脑"的广告词深入人心。巧克力核桃以"一口香甜,一世情缘"的定位,集核桃的原始清香与巧克力的香甜于一体,秀外慧中,缘来巧核。枣蓉核桃、智首核桃仁等产品配以"核小甜""核小香""核小娇""核辣仔"等卡通形象,清新美味。

企业产品核心技术拥有7项自主知识产权,其中2项发明专利、1项实用新型专利、4项外观设计专利,自主研发的核桃油冷轧线、脱涩核桃等三条现代化加工生产线符合国家标准,布局科学严谨,自动使用性强。

(三)质量控制及诚信建设

以全面抓好质量管理为中心,完善质量保证能力和计量检测体系。严把原料入库、产品加工、验收、保管和售后服务五道关,建立质量评审制度和不合格品召回制度,全面完善产品质量检测化验体系,在国家、省、市各级食品质量抽验中,产品合格率达到100%。

该公司依靠科技创新,舞动产业龙头,勇担社会责任,推动核桃产业基地品牌建设。通过订单收购、技术培训、产业扶贫、资金扶持等不同方式,联结3 270家核桃种植户,无偿提供36万元资金,资助130名贫困人口脱贫致富。

(四)宣传推介及市场营销

企业借助"沂蒙红歌故里,世界长寿之乡"金字招牌,做大做强核桃产业。随着《沂蒙小调唱出新味道》《沂蒙小调:唱红老区山河水》……被央视、新华社等各大媒体传播,上海世博会山东馆、南非—中国行等前来现场拍摄外宣和央视7套《致富经》《乡约》等栏目宣传和企业全方位的广告宣传,扩大了"沂蒙小调"品牌知誉度。投资540万元兴建的"沂蒙小调文博馆",中央军委原副主席迟浩田将军亲笔题名,作为沂蒙精神教育基地,弘扬起经典品牌正能量。

着眼企业未来，实现线上、线下销售双轮驱动，"网店"铺路，自办"商城"，网店商城联动，组建起沂蒙小调优质农产品电子商务中心。2019年5月19日，著名喜剧表演艺术家潘长江来费县快手直播助销"沂蒙小调"产品，瞬间销售突破61万元，48小时内发出全部订单货物，赢得好评如潮（图3-3）。

图3-3　沂蒙小调特色食品

四、豆黄金豆制品

（一）企业概况和品牌情况

2013年1月，经国家商标局批准，豆黄金食品有限公司成功注册了"豆黄金"商标，核定使用商品为食用蛋白、豆腐、豆腐制品、腐竹、豆奶、精制坚果仁。

"豆黄金"品牌由豆黄金食品有限公司持有并运营，公司自成立以来，就担负起"做良心食品，创百年企业"的企业使命，从小作坊做起，历经10年的飞速发展，现已发展为集研发、生产、销售、种植为一体的科技型企业，市值超过10亿元，"豆黄金"成为中国腐竹行业的领导品牌。

"豆黄金"品牌内涵是要求公司的产品品质像黄金一样珍贵，给人们提供绿色、健康、放心的豆制品。近年来，该公司先后获得"山东省院士工作站""市级企业技术中心""市级大豆精深加工工程研发中心""中国农业食品博览会金奖""ISO9001质量认证""ISO14001环境认证""绿色食品认证""农业产业化省级重点龙头企业""山东省著名商标""中国第一届养生食品博览会"金奖、"临沂十佳礼品"、荣获三届"中国绿色食品博览会金奖"等。2018年，实现销售收入1.1亿元，利税3 000万元，成为中国腐竹行业的领导品牌，"豆黄金"品牌评估价值1.8亿元。

（二）产品特色及科技创新

豆黄金食品有限公司位于山东省费县上冶工业园，上冶镇自然条件得天独厚，资源丰富。北有上冶水库（系中型水库，总库容3 638万立方米），南有浚河，中有紫荆河。上冶镇的5.9万亩耕地全部实现了自流灌溉。驻地东部有蒙山胜景——玉泉，泉水含有人体所必需的多种矿物质，日出水量万吨以上，具有良好的开发前景。上冶镇历史悠久，文物古迹众多。始建于鲁僖公元年（公元前659年）的费县故城，是汉初费县境内并存四县之一，即春秋季氏故地，故季氏费邑。汉初置县，理于故城。现古城遗墙尚存。全镇人文景观丰富，有季桓子井古迹、九女坟遗址、玉泉观遗址、枕流亭等景观。公司产品生产过程中就是使用的玉泉矿泉水，并在上冶镇古城村建有大豆种植基地。

豆黄金之所以取得优异的成绩和知名品牌，靠的是坚持做良心食品，全产业链模式创新，依靠科技推动产品升级，成功研发了无任何添加剂的天然腐竹。企业通过创新驱动，不断研发和创新，先后在豆制品加工领域里取得了跳跃式发展，公司占地面积15 482平方米，建筑面积4.6万平方米，绿化面积1 800平方米；拥有96条现代化生产线，加工产能4 000吨/年。

（三）质量控制及诚信建设

该公司从源头控制质量。自建大豆种植基地7 000亩，从种子到餐桌全程严格质量管理，构筑起对各种有害、污染物质的严密防线，起步就与世界500强站在同一起跑线上，树立并引领着行业最高标准。

实施全程监督，建立质量追溯体系。基地生产过程，一是严格选定生产区域：生产区必须符合绿色食品的产地环境、水质、土壤标准，加强宣传，增强群众绿色食品环保意识，杜绝污染发生。二是严格按照《绿色食品技术操作规程》进行生产管理：技术人员分片包干，深入田间地头，搞好技术服务，使各项技术落到实处，定期检测，对基地生产的产品定期抽检、检测。生产全程实行档案管理，产品经检验合格后，以小组为单位收购存放，对样本监测检验，若发现问题，此批产品不得收购，并追究该小组负责人的责任，在大豆成熟后集中统一收购，并且高于市场价10%，增加了收入提高了农户的种植热情。对于抽验不合格的大豆拒收，保证了大豆的质量。豆制品做到了不添加任何色素和防腐剂。特别是腐竹——百姓餐桌上喜爱的菜品，豆黄金腐竹在全国首创零添加，形成了自己独创的生产工艺，在全国率先拿到了绿色食品认证，成为健康饮食的领导者。

（四）宣传推介及市场营销

豆黄金天然腐竹注重宣传和市场营销，跟前50强餐饮名店达成战略合作伙伴，成为众多品牌火锅、餐饮名店最信赖的豆制品供应商，海底捞、德庄、小天鹅、刘一手、东来顺、小肥羊、巴将军、全聚德、毛家饭店、鲁西肥牛、沸腾诱惑、京鼎香等数十家名店选用豆黄金天然腐竹。

　　公司主导产品为"豆黄金"牌天然腐竹、休闲类豆干，建立了宣传推广和营销队伍，产品畅销山东，辐射全国各地，赢得了广大消费者的一致青睐。2019年该公司实施"豆黄金"工业游项目，投资2亿元，建设中国最大的豆制品博物馆和腐竹工业4.0智慧车间及高标准农田建设，让游客从大豆基地、自动化生产线、腐竹展厅等全程参观，了解腐竹全价值链，打造豆黄金品牌文化（图3-4）。

图3-4　"豆黄金"豆制品

五、金胜粮油

（一）企业概况和品牌情况

　　金胜粮油集团始建于1947年，是一家集油脂花生、生物科技、外贸进出口、餐饮旅游、电商物流、生态农业等多种经营为一体的大型

粮油加工企业，是中国粮油加工的重点骨干企业。该公司先后获得"国家高新技术企业""农业产业化国家重点龙头企业""国家重点支持粮油产业化龙头企业""全国首届放心粮油示范加工企业""全国农产品加工业示范企业""全国商业质量品牌示范单位""中国质量诚信企业""中国植物油加工企业50强""中国花生

油加工企业10强""中国好粮油示范企业""食安山东示范企业"等称号。

"金胜"牌系列包装油起步于1994年，2000年金胜粮油正式注册"金胜"牌包装油。品牌定位为：花生全产业链体系专家，打造高品质花生油典范。制定了多条广告语："家有金胜油，餐餐好胃口""金胜花生油，为健康加油""自然原生味，七星初榨香""油酸高一点，健康多一点""生活有滋味，三款油常备""品质金胜，好油典范"。

"金胜牌花生油"纳入山东农产品知名品牌目录，"金胜"商标荣获"中国驰名商标"，"金胜"商标被认定为"山东老字号"，"金胜牌花生油"被认定为"山东名牌"，"金胜牌"被认定为"中国著名品牌"，"金胜及图"商标被认定为山东省著名商标。

"高油酸花生油"被认定为第十二届广州国际食用油及橄榄油产业博览会"优质产品金奖""煎炸专用调和油"荣获广州国际食用油及橄榄油产业博览会"科技创新奖""原生初榨花生油、高油酸花生油"荣获IEO国际食用油产业博览会"优质产品金奖合、产品创新奖""金胜牌食用油"系列产品荣获"健康油脂金奖""金胜"品牌荣获第七届中国粮油榜中国十佳（食品）影响力品牌。

（二）产品特色及科技创新

1. 原生初榨高油酸花生油

有益油酸含量>75%，高烟点、降低胆固醇、新鲜持久抗氧化。

2. 原生初榨花生油（中国专利工艺）

高品质典范，原料不破碎、不蒸煮，整粒初榨，保留了花生原有营养，油脂纯正，香味浓郁。

3. 煎炸专用调和油

起酥性好、烟点高、口感好、高维生素、高谷维素、煎炸食品含油低、煎炸食品耗油低。

传承两千年初榨技法，从石臼取油法、木臼取油法、木榨取油法的逐渐演变中集众法之长，尊自然之道，成就七星初榨工艺。是传承，更是超越，故金胜七星工艺只出顶级上品油。

该公司建立了"国家花生加工技术研发专业中心""国家博士后工作站""山东省院士工作站""山东省花生精深加工工程技术研究中心"等9个省级以上研发平台，申请国家专利42项，其中发明专利26项，先后获得中国商业联合会科学技术特等奖1项、二等奖2项，中国粮油学会科学技术奖1项，山东省技术发明二等奖1项，山东省科技进步奖2项、山东省科技金桥奖3项、临沂市科技进步奖13项，参与实施国家富民强县项目1项、承担了国家重点研发计划项目子课题1项、承担国家星火计划2项、山东省泰山产业领军人才1项、山东省自主创新及成果转化等省部级项目20余项、研究的20项科技项目通过中国粮油学会、山东省科技厅、山东省经济和信息化委员会的科技成果鉴定，分别达到国际先进或国内领先水平。

（三）质量控制及诚信建设

该公司严格秉承"质量第一，信誉至上"的经营宗旨，制定了明确的质量方针与目标，建立了以品管部为主线的质量监控体系，在同行业中率先通过了ISO9001质量管理、ISO22000食品安全管理、ISO14000环境管理、OHSAS18000职业健康安全管理、SKSKOSHER犹太洁食认证等体系认证，实行7S现场管理、六西格玛管理方法、"卓越绩效模式"综合绩效等管理方法，建立起完善的质量保证体系。

从原料入厂、生产过程到产品上市，均有库存留样；备案纸质及电子记录，并有唯一标识；加强追溯管理，引进开发追溯系统管理软件，提高追溯效率。每批次产品，能够从正向和逆向两个方向进行真实有效的追溯。

（四）宣传推介及市场营销

为了提高"金胜"品牌在全国的知名度，提升"金胜"品牌影响力，充分利用电视台、网络等各类媒体，以新闻报道、专题片、企业宣传片等形式宣传公司品牌，每年参加或组织行业交流会，积极参与集团组织各项外宣及文体活动，扩大在公众中的知名度。

该公司成立专业品牌营销团队，在国内设立了60多家办事处和近千个经销商和分销点，营销网络布局全国，并与国内知名策划机构合作，对金胜品牌进行了全方位的包装和营销策划，在京东、天猫、1号店等网销平台设有旗舰连锁店，线上线下协同开发，同时通过各类媒体、网络平台，加大金胜品牌宣传力度，以品牌拉动市场、以市场带动销售、以销售促进生产，实现品牌营销的新突破（图3-5）。

图3-5　金胜粮油

六、玉皇粮油

（一）企业概况和品牌情况

山东玉皇粮油食品有限公司始建于1950年，现占地面积150 000

平方米，资产总额近4亿元，年综合粮油加工能力30万吨，销售收入近10亿元，是莒南县唯一一家集食用植物油、小麦粉与挂面生产加工销售、进出口贸易为一体的大型粮油企业。公司自成立之初就承担军需民食之重任，带动了整个莒南花生产业及深加工业的发展。

公司成立近70年来，始终秉承"为天下百姓做放心粮油"的历史使命，坚持"建百年企业，创一流品牌"的发展目标，为消费者提供绿色健康的放心粮油。2005年被认定为山东省农业产业化重点龙头企业，是全国首批放心粮油示范企业、中国好粮油示范企业、国家高新技术企业、山东省农产品加工示范企业、省级"一企一技术"创新企业，2012年以来被评为中国食用油加工企业50强、花生油10强、玉米油10强。玉皇牌花生油、小麦粉通过有机食品、绿色食品认证，被评为山东名牌产品。"玉皇"商标自1993年正式注册使用，现已被认定为中国驰名商标。

（二）产品特色及科技创新

该公司主要产品有"玉皇"牌系列花生油、小麦粉、挂面及花生制品四大系列120多个品种。玉皇牌花生油经物理压榨，香味浓郁，淡黄透明，色泽清亮，保留了原汁原味地道花生香，口感香醇，营养均衡，天然健康，有利于人体消化吸收。玉皇牌小麦粉根据中高档面食的特点和要求，选用优质小麦精心加工、科学调配而成，粉色好，粉质细，筋力强，营养丰富，适宜饭店、家庭、食品厂等制作馒头、水饺、面条等各种面食。

该公司投资3 000多万元成立了企业技术研发中心，配备了气质联用仪、近红外分析仪、气相色谱仪及真菌荧光分析仪等国际先进水平的检验、检测设备，是国内粮油检测设备最齐全的检测中心之一。先后与北京化工大学、中国农业科学院、山东省农业科学院及齐鲁工业大学等高校、科研机构建立产学研合作关系，承担各类各级科技计划项目近20项，获专利授权24项。公司技术中心被批准及认定为国家花生加工技术研发分中心、山东省企业技术中心、省级"一企一技术"研发中心、山东省粮油精深加工工程研究中心、临沂市花生蛋白工程技术研究中心、临沂市粮油精深加工企业重点实验室等。

（三）质量控制及诚信建设

莒南县素有"中国花生之乡"的美誉，该公司采用"基地+农户+企业"合作模式，在当地建立绿色花生、小麦优良品种种植基地，严格控制原料产地考核、抽样检验、原料贮存等各个环节，对合作社及订单农户进行科学种植技术指导，以高于市场价8%~10%的价格进行收购，从源头上保证产品质量。生产过程借助ISO9000质量管理体系和ISO22000食品安全管理体系及卓越绩效管理等现代管理手段，精细操作，设立关键控制点，层层把关，全程监控。产品出厂实行全项目、每批次检验，确保出厂产品合格率100%。生产经营过程中，严格履行合同约定的质量标准、交货日期及付款方式等各项条款，连续多年被认定为山东省守合同重信用企业。

（四）宣传推介及市场营销

该公司投资近千万元用于各类电视广告、访谈栏目及户外广告和商超促销宣传，积极参与各类推介会及媒体宣传等品牌建设活动，提高品牌知名度和美誉度。参加全国各类展会，主要宣传品牌的悠久历史和工艺传承。此外，近年来该公司注重利用门户网站、社交软件、自媒体等互联网展示，全面推进传统经销商的招商工作，积极建设基于网络的电子商务，大力拓宽市场渠道。20世纪90年代初该公司散装花生油已供给北京、上海及广东等一线城市，2002年开始做小包装市场推广，不断建立完善销售网络，在全国20多个省市发展代理商，在济南、临沂、淄博、潍坊及广东等多地建立驻外分公司（图3-6）。

图3-6 玉皇粮油

七、鲁泉花生油

（一）企业概况和品牌情况

山东兴泉油脂有限公司隶属山东华泉集团，是中国好粮油示范企业、国家军粮供应定点企业、中央储备粮代储资格企业、国家重点支持粮油产业化龙头企业、国家高新技术企业、全国少数民族特需商品定点生产企业、山东省农业产业化重点龙头企业、食品安全山东示范企业、守合同重信用企业。

该公司于2003年9月成立，占地面积14万平方米，注册资金8 000万元，总资产5.8亿元。日加工花生米能力900吨，年可生产压榨特香原榨花生油12万吨，玉米油、葵花籽油20万吨。公司拥有国内最大的全地下自然恒温库，并采用低温、充氮保存工艺，油罐储存能力达10万吨，是一家集粮油加工、灌装、代储、物流为一体的综合性经营企业。公司主打产品有"鲁泉"压榨一级特香原榨花生油、玉米胚芽油、大豆油、葵花油等系列包装油和"沂蒙老油坊"

特香原榨花生油。

"鲁泉"牌花生油，先后被评为"山东省名牌产品""山东省著名商标""山东知名品牌""中国著名品牌"，被山东省粮食行业协会评为"放心油"，荣获临沂市"名优农产品"、第九届IEOE中国（北京）国际食用油产业博览会金奖等多个奖项。

（二）产品特色及科技创新

2016年公司新上10万吨玉米油、葵花油精炼生产线，是目前国内单产量最大、设备自动化程度最高的精炼食用植物油生产线，日处理能力400吨原油，采用国际最先进的德国GEA全自动油脂精炼设备和工艺，在节能降耗、绿色环保、质量安全等方面达到国际领先水平。

古法小榨特香花生油生产线，采用进口国外先进的红外线控温探测全自动连续式炒籽机和先进的小型榨油机，并且采用精选花生米进行统一炒制，经过多道工艺加工、低温过滤，保留最原始的花生浓香味道，充分满足市场需求。

该公司按照国家级研发中心标准的要求新建技术研发中心楼，设备全部采用美国安捷伦公司生产的最先进最尖端的油脂类检测设备，配备有气质联用仪、气相色谱仪、液相色谱仪、近红外分析仪、原子吸收分光光度计、紫外分光光度计、原子荧光分光光度计、阿贝折射仪等多种精密检验检测设备。

该公司高度重视技术创新，积极搭建科研平台，被省科协授予"山东省创新驱动助力工程服务站"称号。近年来先后获批山东省"专精特新"中小企业、"一企一技术"创新企业、省级企业技术中心、临沂市食用植物油精深加工企业重点实验室、临沂市食用植物油精炼工程研究中心，临沂市食用植物油安全与精炼工程技术研究中心等多个科研平台。公司近三年开展项目研究30余项，技术成果分别获得省、市级多个奖项。此外，该公司已经拥有26项国家专利、6项软件著作权，还有其他多项专利正在申请中。

（三）质量控制及诚信建设

为规范企业管理，提升产品质量，该公司建立了严格的一体化管理体系，先后通过了ISO9001国际质量管理体系认证、ISO22000食品安全管理体系认证、HACCP体系认证、ISO14001环境管理体系认证，"鲁泉"系列产品通过了非转基因产品认证、绿色食品认证和"HALA"（清真）认证清真食品认证。

（四）宣传推介及市场营销

该公司建有完善的销售体系，建立了完善的产品市场营销网络和服务体系。该公司在北京、天津、福建、广东、广西以及省内济南、潍坊、临沂等全国主要城市设立办事处及经销商，并设立售后服务联络网点进行跟踪服务。该公司以山东省粮食和物资储备局打造的"齐鲁粮油"品牌，促进粮食产业高质量发展为契机，把"大品牌"创建作为奋斗目标，以质量铸造品牌，以品牌引领企业发展。

在现有百人团队的基础上再积极招聘专业的品牌销售团队，负责市场及线上电商交易平台的运作。近年来，该公司扩建电子商务部，加大与京东、天猫、苏宁、淘宝等网络平台的战略合作关系，充分借助齐鲁粮油品牌构建兴泉线上网络销售旗舰店，使产品更加迅速推向市场（图3-7）。

图3-7　鲁泉花生油

八、沙沟香油

（一）企业概况和品牌情况

山东沙沟香油集团下辖新沂市沙沟香油有限公司、山东精萃食品有限公司、山东香芝缘食品有限公司、临沂直贡电子商务有限公司等控股子公司。"全球优质芝麻资源与加工技术整合者"是沙沟香油集团的定位，"专注芝麻产业传承与创新，让员工、用户、股东更幸福"是沙沟香油集团的使命，集团本着"诚信、专注、传承、创新、高效、共享"的价值观为社会创造价值。

集团公司"沙沟"商标荣获江苏省著名商标，"菜缘"荣获山东省著名商标，是中国较早同时拥有两省著名商标的企业。2014年10月，沙沟香油同农夫山泉、雨润冷鲜肉一道被长江三角洲地区（城市）食品（工业）协会联席会评为"长江三角洲地区名优食品"。集团公司目前拥有各项专利8项，是山东大学机械工程学院"研究生社会实践基地"。

（二）产品特色及科技创新

沙沟香油是以优质芝麻为原料，采用传统小磨水代法加工工艺，结合公司专有的"28古法"工艺和600目高速提纯技术以及现代化高科技设备精制而成，产品不仅保持了传统小磨香油的醇厚风味，而且创出了色泽晶莹、无浑浊沉淀物的一大特色。

（三）质量控制及诚信建设

该公司先后通过ISO9001国际质量体系认证、ISO22000食品安全管理体系认证，沙沟香油生产工艺被列为徐州市非物质文化遗产保护名录，该公司还荣获重合同守信用企业、全国消费品博览会金奖、首届江苏省消费者最喜爱的绿色食品、江苏省放心吃产品、农业产业化龙头企业、山东省烹饪协会优秀合作伙伴、"食安山东"

示范企业、全国百佳农产品品牌等诸多荣誉称号。

（四）宣传推介及市场营销

　　沙沟香油有高端礼品型、家庭专用型、餐饮饭店专用型和工业企业专用型四大类60多个品种。作为名特优产品不仅受到国内广大消费者的喜爱，而且还远销欧美、日本、韩国、中国台湾等国家和地区，难能可贵的是，该公司是较早进入韩日餐饮市场的中国芝麻油企业（图3-8）。

图3-8　沙沟香油

九、效峰食用菌

（一）企业概况和品牌情况

　　山东效峰生物科技股份有限公司，成立于2006年8月，位于山东省临沂市罗庄区高都街道东高都村东，注册资本1 020万元。该公司是集食用菌产品研发、生产、加工、销售及优质农产品生产基地品牌建设于一体的科技创新型民营企业。系国家高新技术企业、山东省创新型试点企业、山东省农业产业化省级重点龙头企业、省级农业"新六产"示范主体、山东省农产品加工示范企业、山东省农业标准化生产基地、山东省食用菌行业优秀龙头企业。

该公司注册"效峰菌业""菇婆婆""效峰食品""效峰""菇能量"商标5个。其中"效峰菌业"商标品牌为企业品牌，创立时间是2011年9月28日，品牌定位为杏鲍菇等食用菌的研发、生产、加工、包装及销售等；核定使用商品第31类：新鲜蘑菇、新鲜蔬菜、鲜食用菌、菌种等。广告语是："效峰菌业，菌业先锋""效峰农产品，质量赢天下""效峰食品，丰富国人餐桌，享受美味生活，一切为了人民健康"等。

"效峰菌业"品牌杏鲍菇等食用菌产品，曾先后被授予"临沂市名优农产品""沂蒙优质农产品十佳品牌""第五届沂蒙优质农产品交易会参展农产品金奖""山东省著名商标""山东省首批知名农产品企业品牌"和"全国百佳农产品品牌"等荣誉称号。

（二）产品特色及科技创新

在产品特色方面，该公司生产的杏鲍菇等食用菌系列产品，采用工厂化标准化有机栽培技术措施，生产出的产品营养丰富、食用安全、价格适中、深受市民喜食。自2010年以来，企业生产的"效峰菌业"品牌杏鲍菇等食用菌产品连年通过了有机产品认证，并获得ISO9001国际质量管理体系认证和HACCP食品安全管理体系认证。

在科技创新方面，该公司先后与聊城大学、山东省农业科学院、泰安市农业科学研究院、临沂市农业科学研究院和临沂市科学技术合作与应用研究院等国内十多个高等院校、科研院所建立了产学研科技合作关系，先后研发生产了香菇、黑木耳、柳松菇、杏鲍菇、黑皮鸡枞、大球盖菇、平菇、灵芝等十多种食用菌，深加工产品蘑菇酱菜、食用菌特色挂面、杏鲍菇多糖、杏鲍菇饮料、食用菌化妆品等新产品。年产各类优质农产品产品10 000多吨，目前建有山东省最大的有机杏鲍菇工厂化生产加工基地和国家级及省市级科技创新平台5个，主持制定省、市地方行业技术标准5个，国家授权专利28件，其中发明专利10件。通过技术研发，不仅有效解决了食用菌生产发展中的技术"瓶颈"问题，而且进一步提升了企业自主创新能力和产品市场的核心竞争力，提高了产品附加值，促进了企业发展。

（三）质量控制及诚信建设

该公司非常重视产品质量控制及诚信建设工作，高度关注"饮食"健康、重视"食品"安全生产及知名农产品企业产品品牌建设工作，建立健全了产品质量控制及追溯体系制度，从生产原料的采集、培养基配方、装订袋、消毒处理、菌包培养、出菇及采菇的管理等严格按照标准化技术规程进行生产，产品进入市场前进行产品检验，确保产品质量，企业成立十多年来一致坚持重质量、守信誉、诚信经营、追求产品完美。

（四）宣传推介及市场营销

该公司十分重视产品宣传推介及市场营销工作，建立了产品宣传推介及市场营销团队。充分利用报刊、电视台、互联网、企业网站、微信等媒体及电商、商博会、商店专柜、销售人员包销市场等多种形式广泛开展了产品宣传推介及市场营销工作。产品畅销北京、石家庄、大连、沈阳、连云港及济南、济宁等国内20多个大中城市，深受消费者青睐（图3-9）。

图3-9　效峰菌业

十、清春蔬菜

（一）企业概况和品牌情况

临沂市兰山区清春蔬菜种植农民专业合作社于2008年3月成立，出资总额826万元，现有成员386人（家）。

该合作社发挥城郊资源优势和沿河生态优势，注重土地产权的流转，强抓园区生态环和产业链的规划，以"科技创新、人才支撑、市场定位、绿色发展，合作共赢"为理念，建设运营临沂（兰山）龙湾都市农业科技示范园，主要内容包括20余亩的临沂北城蔬菜产地交易中心、96座三温两防控生态蔬菜大棚、1座蔬菜弃物有机肥发酵大棚及30余亩的生态涵养汪塘、3 200平方米的技术研发楼、7 000平方米的新型职业农民学院楼（在建中）；建有山东省院士工作站、山东省老科协五级联动村（企）工作站、临沂清春高蛋白植物研究院等技术平台；组建的院士高蛋白植物研发团队、科技特派员果蔬技术服务团队、清春基地实训教师团队和省老科协资深专家顾问团队推动了企业发展，示范带动周边16 000亩蔬菜安全高效产业发展，1 200农民劳动致富。合作社主营业务销售收入2017年5 669万元，2018年7 833万元；2019年计划完成主营业务及延伸拓展的"新六产"总收入达到1亿元。先后被评为农业部蔬菜标准园、全国科普惠农先进单位、全国农民专业合作示范社和全国绿色示范企业，山东省生态休闲农业示范园区和山东省科普教育基地。

"清春蔬菜"品牌创立于2010年，为沂蒙优质农产品知名品牌、注册商标、企业LOGO和旗帜图案。广告语："清春蔬菜，蔬我放心"。

该公司注册了"清春蔬菜"子品牌"清春""奶桑""奶树""龙湾都市""都市农业"商标6项。"清春蔬菜"成为中标的临沂市政府食堂、临沂城各大超市、兰山区学校食堂用食材的蔬菜供应商商品。该合作社评选为山东省食用农产品合格供应商和可追溯供应商，全国绿色食品示范企业。

（二）产品特色及科技创新

"清春蔬菜"主要特点是无缺素症状，好看、好吃、耐储存。基地生产端开展科技创新，合作社申请发明3项，实用新型专利2项。

一是生态设施。自主研发申请发明专利的"三温两防控生态蔬菜大棚"，将栽培管理的农艺前置为设施建设的工艺。日光温、地温和后墙贮温三温补进，是解决冬暖大棚温源单一、热量不足的关键；虫网物理挡法防虫，膜下微滴灌生态降湿法防病，是解决农业面源污染、农产品质量安全等瓶颈问题的有效途径。农民说，"三温两防控，不进虫子、少生病、喷雾器也不用"。

二是弃物资源化。自主研发申请发明专利"蔬菜弃物有机肥快速发酵还田技术"。收储鲜弃物打浆；收集干弃物制粉；干、湿组混，专用菌剂，补氧高温发酵有机肥。换茬基施还田。其意义：弃物资源化；减少污染源和病虫害的传播源；净化美化田园；符合土壤营养元素归还理论，达到有机质、有益微生物、矿质元素、热量、二氧化碳的共同归还。农民说："蔬菜肥，施蔬菜，吃么养么长得快"。

（三）质量控制及诚信建设

一是基于园区的优越气、水、土地理条件，土壤为蒙山冲积河潮土，土层深厚肥沃，引蒙河水（国标水质Ⅱ类）灌溉，无污染源，生态环境优越；二是实施A级绿色食品标准和山东省食用农产品可追溯体系的保证条件；三是三温两防控生态蔬菜大棚和蔬菜弃物资源化基础设施条件；四是"民以食为天，食以安为先，人以诚信为本"的企业道德底线。

（四）宣传推介及市场营销

强化品牌意识，以企业法定代表名字为商号，加主产品名称注册商标、企业LOGO、企业旗帜统为商标图文及理念的表达，进行知识产权保护，增强了视觉、听觉冲击力，加深第一印象。示范园区的建设和生产示范如三温两防控生态蔬菜大棚、蔬菜弃物有机肥快速发酵还田技术，就是最有利的品牌宣传推介。

　　"清春蔬菜"品牌的市场营销采用的是"让人吃了想吃，吃了说好"的"回头客和口碑战略"。"不要中间商"，商销售渠道为基地端直联直供的三进客户端（进食堂、进超市、进居家）。合作社在主营蔬菜种植、产品销售、技术咨询及社内信用互助业务中的"零首付，1免费，2统分，3共享"经营模式（社员零抵押租棚；科技免费指导；统一建高标准大棚分户承包经营，统一绿色食品种植技术分棚实施；农资共享采购，产品共享推销，账务共享管理）特色突出。试行三产融合包括果、蔬、奶桑生态环和产业链的技术研发，公益性新型职业农民培训、科普教育等延伸产业发展前景广阔。合作社作为经济运营的主体，随着三产融合发展，将快速向一体（公司+合作社+农场）两翼（科研平台+市场平台）联合体的运营销售模式过渡。并建立了清春蔬菜PC商城、微信商城，组建了微商营销团队（图3-10）。

图3-10　清春蔬菜

十一、鼎益蔬菜

（一）企业概况和品牌情况

山东鼎益生态农业有限公司创立于2014年年初，注册资金5 000万元，全力建设"农校对接"示范园，园区是集高科技、现代化、生态农业、全产业链为一体的大型农业企业。涉及农产品基地、冷链物流、中央厨房、农产品线上销售平台、景观农业、休闲农业等农业产业链多模块运营。已累计投资7 000多万元，流转土地面积1 500余亩，签约合作种植基地10万亩，辐射带动本地农产品种植30余万亩。

鼎益蔬菜农产品品牌创立于2017年。近年来，该公司持续按照"公司＋基地＋农户"的发展思路，大力实施标准化生产和农业品牌带动战略，立足技术、资源优势，积极调整优化农业结构，大力发展设施蔬菜，狠抓培育工作，在树立农业品牌，提高产品知名度，增强农业竞争力方面取得了初步成效。目前，该公司已经完成辣椒、茄子、西红柿、黄瓜的绿色食品认证，申请鼎益、好食材、校园菜、校送、菜博汇等商标。2014年被授予"全区优质农产品基地"，2017年，鼎益蔬菜被授予第五届沂蒙优质农产品交易会优质农产品金奖。

（二）产品特色及科技创新

该公司根据日常使用菜品、数量情况，做好菜品供给计划，下达种植、养殖计划。在种植、养殖过程中，严格约束化肥、农药、激素类、转基因种子的使用，将农产品与学校餐桌直接对接，解决农产品食品安全问题。该公司拥有数千亩生态蔬菜种植基地，并且品牌认知度、口碑相当高，在当地农产品市场起到良好的示范带头作用。该公司主导的"教育部农校对接产业示范园"项目成为教育部在全国推广的重要项目，成为临沂大学品牌建设的一部分和对外宣传的重要窗口形象。亲民、开放、严谨的公司文化和科学规范的管理，凝聚大量的优秀科技人员，逐步形成鼎益农业自主的科研团队，和产业研究院实现科研对接，真正实现科研课题的转化落地。

（三）质量控制及诚信建设

该公司制定并实施了《生产经营企业管理制度》《生产技术方案操作规程》《农产品生产质量管理手册》《质量追溯制度》等企业自律制度，建设企业农产品质量检验检测体系，开展蔬菜、瓜果等农产品的日常检测。减少农药化肥的使用，尽量以防治为主。

（四）宣传推介及市场营销

园区通过整合高校和科研资源，构建以企业为主体、市场为导向、建立绿色生态循环农业种植示范园区，以示范园区引领带动周边地区农业公司和合作社基地共同建立订单化生产、标准化种植、绿色生态循环产业化发展、品牌化营销的"农校对接"生产基地。学校为基本销售市场，同时拓展社会销售市场，减少中间环节、确保落实订单（图3-11）。

图3-11　鼎益生态农业

十二、鸿强蔬菜种苗

（一）企业概况和品牌情况

兰陵县鸿强蔬菜产销专业合作社成立于2010年1月，位于兰陵县向城镇驻地北，206国道与234省道交汇处西300米。拥有社员4 990户，核心基地占地面积320亩，社员种植面积20 000余亩，是集种苗繁育、新型棚体建造、新品种、新技术、新材料的应用与推广、农业技术培训、种植销售为一体的综合性服务机构。先后取得了黄瓜、辣椒、茄子、大白菜、莴苣、土豆、豆角、苦瓜等蔬菜的绿色食品认证，每年为社会供应各类优质蔬菜150万吨。

2011年7月，鸿强合作社申请了商标"鸿强"，并将"致力于中国现代农业的绿色、高效和可持续发展"作为公司的发展目标，经过多年技术积累，总结制定出保护地蔬菜的标准化管理技术，实现了产前技术培训、产中技术指导、产后销售服务的全程可监控生产服务模式，形成了合作社技术专员+村级服务站+社员的三级服务体系，让社员在经济效益和蔬菜品质上取得了巨大的提升。

该合作社先后被省农业厅评为"省级示范社""省级农业标准化生产基地""山东省新型职业农民实训基地"，合作社旗下"鸿强"牌种苗于2016年11月被纳入山东农产品知名品牌目录。

（二）产品特色及科技创新

经过多年的发展与经验总结，鸿强合作社种苗基地配备了国内外先进的育苗设备和国内一流的育苗技术团队，实行针对社员及覆盖周边县市为主，面向全国为辅的订单化生产经营模式，严格执行工厂化、标准化、专业化的育苗管理准则，生产的鸿强种苗根系发达，植株健壮，抗病性强，成活率高，无缓苗期，市场认可度高，鸿强合作社育苗基地现已发展为鲁南苏北规模最大的现代化育苗工厂，一次性育苗能力可达1 000万株，年综合育苗能力可达1.2亿株以上；主要培育黄瓜、辣椒、茄子、苦瓜、西红柿、甜瓜等国内外新优特品种。

（三）质量控制及诚信建设

投资3 500余万元，先后建成了标准化种苗繁育工厂两处，其种苗繁育设施齐全、科技含量高、专业技术性强，拥有专业育苗团队；引进了国内外先进的种苗插接技术、新型棚体建造、物联网应用、声波驱虫（杀菌）、红外线遥感器环境自动调控、自动灌淋系统、移动苗床、自动温控系统、补光灯、肥水一体化技术、无土栽培技术、自动卷帘机、熊蜂授粉、智能气象风（力）自动测试、微喷灌应用、蔬菜秸秆生物发酵技术、园区物理生防系统、生物农药综合防治病虫害等30余项技术，种苗质量得到了充分保证。

与法国圣尼斯种业、荷兰瑞斯旺、日本泷井种业、天津德瑞特种业、天津黄瓜研究所、青岛金妈妈农业科技发展有限公司、沈阳维吉特种业、安徽萧新种业等十余家国内外知名企业建立了长期的业务关系，常年持续更新优良品种，开展试验示范与推广，连年让社员效益增加，深受广大社员及周边农民的欢迎。

（四）宣传推介及市场营销

高度重视农产品市场营销工作，不断加大宣传推介力度，开辟"鸿强"牌种苗的营销通道，从自身品牌建设到农户口碑宣传，"鸿强"种苗得到了县委县政府的大力支持，并得到了广大农户的认可，市场占有份额不断攀升。

坚持每年为鸿强社员及周边农户定期开展标准化技术培训工作，在全县范围内总结推广保护地蔬菜标准化生产技术。做到从种苗订购到产品销售一条龙的服务，带动菜农增产增收，有力地推动了兰陵县蔬菜种植产业结构升级，对全县蔬菜产业转型升级做出了应有的贡献（图3-12）。

图3-12　鸿强蔬菜种苗

十三、麦饭泉食用菌

（一）企业概况及品牌情况

山东御苑生物科技有限公司成立于2014年，注册资金1 000万元，是一家集食用菌生产、加工与贸易的现代农业科技跨国企业，是山东省农业产业化重点龙头企业。建有年产1 500万棒的工厂化香菇菌棒生产线和农业部"蔬菜标准园"——"香菇出口种植标准化示范基地"。

秉承"科技领先，绿色发展"的经营理念，建有完整的产品质量安全管控体系。香菇菌棒、干鲜香菇产品2015年注册了"麦饭泉"商标，香菇"麦饭泉"品牌由此诞生，并获得"绿色食品"认证，产品畅销青岛、北京、上海等国内城市及日韩、俄罗斯、欧美等二十几个国家。2017年以来，分别在匈牙利、日本投资建设香菇生产及加工基地，产品就地销售或进行转口贸易。2016年"麦饭泉"品牌价值即达到0.2亿元。

（二）产品特色与科技创新

该公司位于中国"麦饭石"之乡——蒙阴县联城镇，坐落在麦饭石矿带之上。麦饭石富含几十种对人体有益的微量元素。种植香菇用水取自地下麦饭石泉水，生产出了营养丰富、独一无二的香菇，获得"绿色食品"证书，受到国内外消费者的青睐。

"生态沂蒙山，香菇麦饭泉"。公司依托蒙阴丰富的林木、麦饭石泉水资源及自然的生态环境优势，大力发展香菇产业，为广大消费者奉献优质的食用菌健康产品。

与上海农业科学院、山东农业大学开展"产、学、研"合作，不断进行科技创新，实现了香菇生产的标准化、规模化、品牌化发展。现已形成从香菇制种、种植、产品加工到出口创汇等完整的标准化业务流程和管理体系。

（三）质量控制及诚信建设

质量就是生命，质量就是效益，质量就是市场，该公司始终遵循这一原则，制定了严格的产品质量控制规范并付诸实施。首先是全员树立产品安全和品质意识。进行产品安全、质量培训，结合国内外客户的信息反馈，积极参加上级有关部门如"有机、绿色食品"内检员、内审员等业务培训，提升员工产品安全、质量管控水平，改进提高产品质量。

其次是从经营全程把控好。从加工厂、种植基地的选址即生产源头以及生产过程、储藏运输过程把控好安全和品质。

再次是从机制、制度上监管好。该公司运用科技手段，完善监管体系、监测机制；利用好现有自检设备，结合海关检验检疫工作，把好产品安全关口；完善认证体系、标准体系，确保产品生产与质量监管有标可依；建立追溯体系，发展智慧农业，利用溯源、二维码等技术建立监管信息化体系，对产品进行全程追溯。"德诚立业，科技兴企"。御苑公司以优质的产品赢得市场，良好的信誉开创未来，在同行业中有口皆碑，连年被评为"临沂市守合同重信用单位"。

（四）宣传推介及市场营销

消费者更认知产品品牌而非产品。该公司的发展理念是：标准化生产，规范化发展，品牌化营销。品牌是营销利剑，近年来公司形成了较完整的品牌宣传及市场营销方案。

发挥基地"沂蒙山国家地质公园合作伙伴"优势，结合环蒙山假日旅游、岱崮地貌特色旅游、中华蜜桃之乡桃花节等项目，组织国内外广大消费者来我基地参观，用基地优势资源吸引客户，增加品牌宣传。为客户提供充足货源，千方百计扩大产品的市场占有份额。

坚持以品牌建设为引领，打造世界知名品牌为目标。每年投入资金，精心谋划培育品牌方案，通过参与国内外展销会、在主流媒体宣传、专题宣传及旅游采摘、科普体验等多种方式推介品牌，并加强境外品牌宣传窗口建设。此外积极开展"互联网+"品牌营销活动，创新品牌营销手段、方式方法，提高综合效益和品牌知名度，努力打造世界知名的"麦饭泉"品牌（图3-13）。

图3-13　麦饭泉食用菌

十四、沙窝地甜瓜

（一）企业概况和品牌情况

　　临沂市兰山区绿农瓜菜种植农民专业合作社成立于2011年6月，注册资金510万元，现拥有高级职称技术人员3名，管理人员10名，专职财会人员2名。基地面积5 000亩，位于蒙山前麓，分布于方城镇诸满、古城、新富庄、连汪崖、西方城等村，产品以早春西瓜、甜瓜及秋延迟辣椒蔬菜的种植与销售为主。合作社制度健全、运作规范，具有雄厚的技术力量和服务基础。合作社建有农药残留检测室，是集瓜菜种植、新品种引进、试验示范、技术服务推广为一体的服务组织。

2012年5月合作社注册了"沙窝地"牌商标，2013年5月受协会委托使用了区域性地理证明商标"方城西瓜"，2014年10月注册"安之忆"等商标。其中，基地生产的"方城西瓜""沙窝地"牌甜瓜等产品已通过中国绿色食品发展中心认证。企业品牌"沙窝地"甜瓜连续获得临沂市第五、第六届沂蒙农产品交易会"优质农产品金奖"，2019年5月"沙窝地"牌甜瓜被纳入山东省知名农产品品牌目录。

（二）产品特色及科技创新

合作社基地地处中纬度区，属暖温带季风区半湿润大陆性气候，四季分明，光照充足，雨量充沛，土地沙壤性，土壤有机质含量丰富，适合各种瓜果蔬菜种植。合作社通过技术培训和产前、产中、产后的全方位服务，严格按照NY/T 655—2002茄果类、NY/T 391—2000产地环境技术条件、NY/T 393—2000农药使用准则、NY/T 394—2000肥料使用准则等绿色食品瓜菜生产标准进行生产，及时指导农民调整农业结构。

（三）质量控制及诚信建设

合作社以"大德务农铸就良心品质、生态瓜果香飘九州大地"为口号，推进农产品生态、绿色发展，打造合作社产品品牌，实现订单生产。多年来，获得了广大消费者好评及各级领导的认可，2015年合作社被誉为"全省农民专业合作社示范社"，同年，合作社基地被省农业厅、财政厅认定为首批"省级优质农产品标准生产基地"。

（四）宣传推介及市场营销

合作社凭借瓜菜产品的质量和规模优势，实施品牌营销，连续获得市级"守合同重信用"企业，产品远销北京、上海、天津、黑龙江等地，市场扩大到了全国各地（图3-14）。

图3-14　沙窝地甜瓜

十五、康发罐头

（一）企业概况和品牌情况

临沂市康发食品饮料有限公司始建于1989年6月，注册资本金5 333.33万元，占地8.8万平方米，现有职工600人。该公司集果蔬罐头和饮料研发、生产、销售、国际贸易和食用菌种植、生物有机肥加工为一体的现代化大型企业，是山东省最大的果蔬罐头生产企业，主要生产水果、蔬菜、食用菌、果杯和果酱五大系列300多个罐头品种。

公司一直坚持"为企业发展，对社会负责"的康发精神、奉行"绿色康发、引领行业、带动三农、造福百姓"的企业宗旨以及秉承"质量第一、客户至上、诚实守信、创新实干"的经营理念，赢得了国内外广大客户的赞赏，取得了良好的经济效益和社会效益。公司先后荣获"国家高新技术企业""中国专利山东明星企业""全国农产品加工出口示范企业""中国罐头十强企业""山东省农业产业化重点龙头企业""山东省优秀民营企业""山东省清洁生产先进企业""山东省履行社会责任达标企业""省级守合同重信用企业""临沂市创新型企业""临沂市百强企业"等荣誉，2014年被授予"国家火炬计划重点高新技术企业""中国质量诚信企业""行业突出贡献企业"，2015年又荣膺"中国驰名商标"，同年10月，"KF"商标被联合国定为UN订单直供商标，康发公司成为国内唯一一家为联合国特供水果罐头的供应商。2016年成功入围临沂市出口食品"三同"工程首批上线企业。2017年陆续荣获"山东省中小企业创新转型优胜企业"、山东省中小企业"隐形冠军"、临沂市十佳科技创新企业等荣誉，2018年被省经信委评定为"山东省制造业单项冠军"，"康发"品牌连续两年获评中国罐藏食品领先品牌。

公司重视品牌建设，注册了"康发"牌商标，成立以总经理为组长的品牌建设领导小组，通过参加国际、国内的食品博览会以及借助媒体宣传报道，提高了产品的知名度。"康发"商标被认定为"山东省著名商标"，康发牌水果系列产品被认定为"绿色食品"，康发牌水果、蔬菜两系列产品被认定为"山东名牌"。

（二）产品特色及科技创新

"康发"牌系列果蔬罐头产品的定位理念是绿色、安全、健康、营养，定位中高端人群市场，朝休闲化食品市场拓展。产品外包装相较于市场常见品类更精致，更优雅。产品原料均为应季成熟，新鲜采摘。先进的巴氏灭菌持久保鲜，确保营养不流失。新鲜水果和糖水完美融合，形成浓浓的醇香，把果品最精华的香甜发挥的淋漓尽致，深受广大消费者的喜爱。"康发"牌系列产品性味平和、含有多种维生素和果酸以及钙、磷等无机盐，对人体补益气血、养阴生津有良好的功效。"康发"牌系列产品均出自"三同企业"，经过三同认证，同线同标同质，放心品质，健康新鲜，比一般罐头更美味，更新鲜，更营养。

近年来，该公司先后引进意大利、美国、比利时、日本等世界先进生产、检测设备，扩大产能，实现传统加工业的机械化生产，并配套5 000吨恒温库、5 000吨冷库，同时搭建ERP数据平台。注重做好各部门、分公司之间的沟通、实现信息共享,并加大对在厂职工的业务培训。近年来公司先后与山东大学、山东农业大学、山东省科学院分析测试中心加强产学研合作,实现资源信息共享。公司承担国家、省星火计划、技术创新项目等各类科技项目13项,开发新产品30多项,获得国家发明专利6项、外观设计专利13项,公司专利及成果均得到产业化转化,产生了良好的经济效益。

(三)质量控制及诚信建设

牢固树立"安全"意识,源头控制食品安全,实行"龙头企业+专业合作社+果农+基地"的产业化运营模式,建设优质农产品基地。先后联合平邑县浦发种植专业合作社、康发果蔬种植专业合作社、平邑县武台新发黄桃专业合作社、平邑联农蓝莓专业合作社等六家专业合作社建立紧密型合作关系,建设标准化黄桃生产基地1.45万亩、蓝莓基地5 000亩、山楂基地3 000亩。对进厂原料加强技术检测,确保原料的可追溯性,对出厂产品进行严格检测,确保质量安全,做到出厂产品合格率达到100%。公司先后投资建设产品研发、检测综合实验楼3 500平方米,购置国际、国内先进的产品检测、试验、化验仪器设备,配置专业检验人员,不断提高自检自控能力。此外,为了把产品内在质量体现在产品的包装等级上,实行分级包装,通过分级包装体现不同的质量水平,质量越高、价值越大的产品,包装越精细,给消费者清晰的认知,更能体现产品的价值。

康发公司作为"山东省履行社会责任达标企业""省级守合同重信用企业",始终坚持以市场为导向的经营策略,积极开拓国内、外市场。十多年来,为实现全球化的目标,每年参加在美国、德国、法国、日本、俄罗斯等国家召开的国际食品博览会,靠良好的信誉和优良的产品品质赢得客户和消费者的信赖,市场份额不断提升。目前与美国POLAR、沃尔玛、德国WIN.LTD、MIKADO、俄罗斯BVK、EAST等国外客商建立长期战略合作关系,产品出口美国、德国、俄罗斯、澳大利亚、智利、南非等40个国家和地区，销往北京、上海、广州、天津等80多个大中城市。2015年康发牌水果罐头直供联合国，这也标志着康发公司正式成为联合国供应商。

（四）宣传推介及市场营销

水果罐头产品符合食品微商的产品特性，具有消费周期快、复购率高等特点。康发食品作为出口几十年的大品牌，有广泛的消费者认知和经销商基础，快速建立起微商团队。2013年6月，康发食品涉足PC电商，相继入驻天猫、京东、1号店等第三方电商平台。2014年年初，公司投资300多万元，先后在平邑、临沂、济南等地建立创客空间，主要运营和孵化水果罐头电商及微商创客团队，并与全国自媒体联盟、网红达人、腾讯视频、优酷、乐视TV等视频媒体及自媒体达人强强合作。投入300多万元广告巨资，同时与新浪、搜狐、网易、腾讯等500多家门户媒体合作，全方位多角度进行网络推广，使康发罐头快速成为微商黄桃罐头第一品牌。

"康发"牌系列果蔬罐头外销国际市场，国内主要流通渠道有传统区域营销、直营大型KA卖场、电商（微商）渠道、餐饮烘焙市场、特通渠道（石油网点系统、监狱系统、高铁航空系统、军队系统、食品加工工业等），国内市场与国际市场同步开展。2018年全年实现销售收入47 228万元，市场占有率为5%，利税1 190万元，经济效益和社会效益显著（图3-15）。

图3-15　康发食品

十六、蒙水罐头

（一）企业概况和品牌情况

山东玉泉食品有限公司创始于1997年，总部位于平邑县地方工业园"中国国际罐头城"，是集水果种植、罐头和果汁生产、销售于一体的省级农业产业化重点龙头企业。公司占地面积10万余平方米，建筑面积8万余平方米，现有职工860人，有5条国内先进的水果罐头生产线和2条果汁饮料生产线。公司配套日处理10 000吨的污水处理站、储存能力3 000吨的恒温库和6 000吨的冷藏保鲜库，年生产能力5万吨。

近几年来，公司旗下的"蒙水"品牌先后获评中国驰名商标、山东省著名商标、中国罐头领先品牌、中国罐藏食品领先品牌、改革开放40年中国罐藏食品品牌、上合组织青岛峰会指定产品、山东省知名农产品品牌等荣誉称号。公司是中国罐头工业协会副理事长单位，先后被认定或授予山东省农业产业化重点龙头企业、山东省成长型企业、山东省扶贫龙头企业、山东省食品行业优秀龙头企业、"食安山东"食品生产示范企业，以及财政部农业产业化经营项目扶持企业、中国轻工业百强企业、中国轻工业食品行业50强企业、中国罐头十强企业、中国罐头优秀电商企业、中国罐藏食品领先企业、上合组织青岛峰会食品安全保障企业。

（二）产品特色及科技创新

沂蒙地区独特的气候、土壤、水资源等因素，造就了丰富、优质的鲜果资源。该公司利用这一独特的地域优势，在蒙山前麓的卞桥镇流转土地2 000多亩，建立自有水果生产培育基地，在武台镇、地方镇建立1万余亩的水果种植合同基地。该公司注重实行病虫害绿色防控，减少农残，从源头上把好原材料质量关，保证了产品的质量和安全。目前，公司主要以沂蒙山区优质的黄桃、山楂、黄梨、葡萄、草莓等为主要原料，研发生产十多个系列、100余个品种的水果罐头和果汁饮料。

（三）质量控制及诚信建设

积极推行规范管理。建立并完善了严格的质量管理体系，先后通过QS认证、ISO9001国际质量管理体系认证、HACCP国际食品安全管理体系认证、GB/T 22000食品安全管理体系认证、BRC食品技术标准、IFS国际食品标准等多项认证。根据各项认证要求，公司不断提升质量管理水平和产品质量水平，保证产品质量符合国家有关产品标准，符合食品安全要求。

始终强化科技创新。先后与中国农业科学院农产品加工研究所、中国罐头协会等部门合作，不断加大产品研发力度，主持参与的《桃品质综合评价与多元化加工技术及应用》获全国商业科技进步一等奖。公司现为临沂市工程技术研究中心、山东省认定企业技术中心。

（四）宣传推介及市场营销

不断加强团队建设。始终秉承"诚信、务实、和谐、创新"和"汇八方英才，铸玉泉基业"人才战略，打造一支充满活力和激情的优秀团队。从原料采购把关、生产加工质量控制到完善售后服务体系入手，不断发展壮大新产品研发、技术创新应用、品质管理和营销服务，组建了80余人的创新研发团队、60余人的市场营销服务团队。

大力推进品牌建设。始终坚持"品质玉泉，创新致远"的发展理念，以"赋予产品以品牌文化，做中国品质最好的罐头"作为企业使命，不断完善质量检测体系和产品溯源机制，产品质量得到广大消费者的认可，在国家、省、市、县历次抽检中全部合格，连续多年被评为省、市"消费者满意单位"。"蒙水"牌水果罐头在大润发、家乐福、沃尔玛、银座等国内各大超市和卖场中均有销售，产品畅销全国30多个省、市和地区，在市场上有着良好的口碑。使得"好山好水好罐头"和"中国的蒙山,世界的蒙水"的广告语家喻户晓(图3-16)。

图3-16 蒙水罐头

十七、玉剑茶叶

(一)企业概况和品牌情况

临沂市玉芽茶业有限公司前身是莒南县洙边镇玉芽茶厂,始建于1994年,是一家集科研、开发、示范、推广、生产、经营、文化、休闲为一体的综合性茶叶生产企业,企业规模、生产经营、品牌建设等跻身全市同行业领

先地位,2005年被临沂市政府命名为"市级农业产业化重点龙头企业"。该公司荣获1995年第二届中国农业博览会金奖、2001年中国(国际)农业博览会名牌产品、山东十大优质茶、山东大众放心茶以及山东名牌、山东省著名商标等多项荣誉称号。

(二)产品特色及科技创新

该公司主导产品,全部采用"中国茶叶之乡"的莒南县洙边镇生态茶园原料精制而成,外形紧结匀齐,香气高爽持久,汤色嫩绿明亮、滋味鲜醇爽口。中国茶叶研究所原所长程启坤先生品鉴后，欣然盛誉"南有杭州龙井，北有沂蒙玉芽"。

科技是第一生产力。经临沂市科技局批准，该公司成立了临沂市茶叶工程技术研究中心，分别与中国茶叶研究所、山东省农业厅以及山东农业大学建立了良好的合作伙伴关系，聘请茶叶专家来公司指导生产，改进和提高生产加工水平，研制、开发茶叶新品，并及时跟踪国内先进茶叶生产科技成果，坚持引进消化和自主创新相结合，不断提高装备水平。几年来，该公司先后推出十几个技术含量和附加值较高的茶叶品种，如沂蒙红茶、沂蒙白茶、沂蒙乌龙茶等，深受客户欢迎。

（三）质量控制及诚信建设

质量是企业的立足之本。该公司始终把质量视为发展企业、维护信誉、树立品牌的"生命线"。该公司制订了一系列的质量标准和操作规程，从产品研发、原料选购、工艺流程到售后服务进行严格管理，使产品生产有标可依、质量有标可查，同时该公司内部建立起一套严密的采购、检测、储藏、出库、退换等质量管理责任制度，做到了"层层设卡、全程把关"。该公司主导产品——"玉剑"牌"沂蒙玉芽"经历次检验，各项指标均优于国家标准，2003年即通过"绿色食品"认证，2007年通过SC（食品生产许可）认证。

（四）宣传推介及市场营销

在销售领域，该公司运用现代企业的先进营销理念和方式，强化品牌营销功能和市场营销战略，积极开拓市场。该公司通过招商会和网络平台，积极培育代理商、中间商等中介组织，成立了电商队伍，建立了网上营销网络、分销网络和售后服务体系，把产品销售纳入全球采购体系当中。目前公司已在临沂、莱芜、淄博、东营、烟台、威海、青岛、济南、天津、北京等地设立17处销售窗口，"沂蒙玉芽"系列绿茶越来越受到广大消费者的青睐。

为了更好地弘扬茶文化，发展茶经济，该公司通过土地流转，先后投资1 800余万元，建立了520亩集茶叶良种引进、繁育、示范和生产于一体的"沂蒙玉芽茶叶科技示范园"。示范园建设以良种化、标准化、生态化为指导思想，通过自主创新驱动，产学研合作项目推动，农业科技项目联动，建起了以福鼎大白、中茶108、安吉白茶等6个国家级茶树良种为主的20个苗木繁育大棚，152个保护地设施生产大棚，成为当地茶园标准化建设的一面旗帜，辐射、带动当地发展高效生态茶园2.2万亩。2011年被山东省农业厅命名为"首批省级标准茶园示范基地"，2014年被农业部命名为"全国茶叶标准园"（图3-17）。

图3-17　玉剑茶叶

十八、春曦茶叶

（一）企业概况和品牌情况

　　临沂春曦茶叶有限公司，20余年来专注茶栽培管理、加工生产、研发销售，致力于争创北茶有机品牌领导者。该公司生产基地位于费县朱田镇崔家沟村，于2011年注册"春曦"牌商标。品牌定位为"做老百姓喝得起的有机茶叶"，并确立广告语："古有羲之书法，今有春曦茗茶""用心做，放心喝，春曦生态茶"。公司产品生态绿茶、精品红茶在各类评比中得到了社会

各界的认可和高度评价，先后获得全国中茶杯名优绿茶评比一等奖、"南茶北引"六十周年庆典名优茶评比特等奖、临沂市绿色优质农产品十佳品牌、沂蒙特产放心品牌、临沂市沂蒙茶业十佳品牌、临沂名优茶及大宗茶评比金奖等，基地被评为临沂市绿色优质农产品明星基地。"春曦"商标在2019年中国茶叶产品品牌价值评估中被评估为1.09亿元。

（二）产品特色及科技创新

"春曦"牌生态绿茶，经中外茶叶专家评定：茶叶具选料精细，加工工艺独特，条索紧结完整，色泽绿润，汤色绿黄明亮，滋味醇正，内质好、栗香高、芽叶鲜活美观，回味甘甜、经久耐泡等品质。"春曦"红韵生态红茶，其茶叶原料全部按照有机农业体系要求进行生产，采用早春茶芽、初展一芽一叶为原料，外形黑黄相间显金毫，汤色红亮，滋味醇厚，韵味浓郁、色、香、味形综合品质优越。

春曦近年来致力于茶叶的研究和生产，积极和大专院校、科研院所和推广部门合作，目前正在和山东农业大学、青岛农业大学、临沂大学、临沂市农业科学研究院、临沂市茶叶学会、临沂市果茶中心等单位合作开展茶叶基地建设和加工研究。

（三）质量控制及诚信建设

坚持"良心、匠心、放心"的理念做健康茶产品，以顾客为中心，不断创新，深耕产品和服务。春曦一直在努力，只为让更多的人喝上更多的健康好茶。无论是近乎苛刻的原料甄选，还是生产过程中以制药的态度做茶，抑或是严控的质检态度，以顾客满意为第一标准的服务态度，春曦只做有态度的健康茶，希望用健康茶传递健康的生活态度，为每个消费者带来真正的健康力量。

春曦生态茶园严格按照有机农业生产体系和方法生产管理，在施肥和病虫害防治有独特的方法。完全不用任何人工合成的化肥农药，全部施用完全发酵腐朽的农家肥。病虫害利用非农药的方式防治，如生物防治（植物提取生物制剂）和物理防治（人工捕捉、防治粘虫板等）。利用自然界食物链保证茶叶原料的健康与纯粹。2011年已获得国家有机产品认证机构认证。

春曦把诚信经营作为企业的追求，坚持靠信用待用户，争市场，建设以诚信理念为宗旨的企业文化体系，公司把诚信建设作为企业文化建设的中心环节来抓；着眼于道德宣传教育，着力于增强诚信意识，打造诚信平台，造就忠诚员工队伍，强化质量保证体系。实现全过程质量控制，形成了从设计、投料、生产、销售等环节完整的质量管理体系。

大力培育和发扬"义利兼顾，德行并重，回馈社会"的精神，在企业发展，效益增加的同时，不忘记带动百姓致富。春曦为茶园所在地费县崔家沟的百姓充分提供就业机会，让老百姓发挥所长，并组织职业培训，充分利用资源，带动当地老百姓就业，实现共同富裕，更好地回馈当地社会，争做乡村振兴的领路人。

（四）宣传推介及市场营销

春曦采取有效的媒体沟通策略，利用电视台等媒体播放、宣传企业及产品。拍摄宣传片，进一步宣传企业文化，介绍产品，扩大品牌影响力。

此外，积极改进产品包装，建立统一的视觉形象系统，在充分体现产品特色的基础上，进一步突出品牌特色、突出卖点，宣传企业文化。并且充分利用多种渠道相结合的销售体系，下设多个分销渠道：厂商直销、区域代理、省级直销与市县代理结合，跨区域综合市场批发、区域代理与市场批发结合等。积极参加各类茶叶博览会，配置新颖、别致的宣传品，通过免费品尝、低价限购、现场抽奖、会员制、短期打折等开展促销活动，倡导茶艺、茶道等的文化推广传播，积极宣传本企业文化，展示企业风采，提升企业在行业内的知名度和影响力（图3-18）。

图3-18 春曦茶叶

十九、沂蒙雪尖茶叶

（一）企业概况和品牌情况

山东雪尖茶业有限公司地处沂蒙山区，现拥有三处有机茶园基地，共计种植有机茶1 600余亩。公司是临沂市农业产业化重点龙头企业，是一家集有机茶种植、加工销售、纯茶饮料研发与生产、科研创新、茶艺培训、茶文化推广、茶旅民宿和生态旅游于一体的现代化企业。

该公司于2015年、2016年成功注册了"沂蒙雪尖"及"雪尖"商标，坚持"做百年企业，创驰名品牌"的品牌发展战略，对茶叶种植和加工进行了全面的有机认证，是高纬度北方茗茶的代表。该公司作为北方有机茶的倡导实践者，专注于有机茶生产加工近十年。2017年沂蒙雪尖绿茶被评为"山东名牌"产品；2018年沂蒙雪尖绿茶于第十六届中国国际农产品交易会上荣获金奖；2019年沂蒙雪尖茶叶被评为山东省知名农产品品牌。2017年该公司成功在青岛蓝海股权交易中心挂牌，股权代码：800799，开启公司资本市场新篇章。

（二）产品特色及科技创新

该公司生产的"沂蒙雪尖""雪尖"系列绿茶、红茶、黄茶、金银花茶，是来自沂蒙山区的半野生有机山茶，具有"豌豆鲜，板栗香"的特点，享有"江北茗茶"的美誉。

该公司所辖三处有机茶场均属于高纬度北方茶区，目前拥有北方最大的茶叶种植有机认证基地。沂蒙山区山地丘陵多，水资源丰富，自然条件优越，生态环境良好，含有丰富的有机质和矿物元素，适宜有机茶的生长。北方茶树越冬期长，昼夜温差大，光照时间长，茶树吸收的养分充足，茶叶中茶多酚、氨基酸等营养成分的含量显著高于南方茶同类产品。

（三）质量控制及诚信建设

以生产"安全、天然、有机"的健康食品为使命，为全面提升茶叶的品质，建立了多项举措，实行了全过程监管，实现全程有机管理。

实施首席质量官制度，设立了专门的质量管控部，设立了车间质检员、抽检员、品控员等十余名品控人员，明确质量岗位职责，责任到人。产品根源把控，茶园病虫害防治和肥培管理技术对茶叶质量安全影响最大，为此公司严查茶园肥料、农药等投入品管理，完善茶园病虫害生态控制技术操作规范，保护和利用天敌资源，积极开展生物防治，大力推广生物肥料、有机肥料，利用太阳能杀虫灯、灭虫板等物理方法防治病虫害，坚持走可持续发展路线，坚决不使用化学合成的农药，从产品种植源头把好有机茶叶质量安全关。

建立了《产品出厂检验制度》《产品过程检验制度》《不合格召回管理制度》《质量管理应急管理制度》《不合格品召回制度》等一系列的管理制度，严格把控每个环节，精益求精。

质量就是生命，诚信才能发展，山东雪尖茶业有限公司一直坚信诚信方能赢得未来，诚信建设将贯穿公司始终。一是强化诚信意识，树立诚信理念。公司积极开展诚信宣传教育，把诚实守信纳入了企业精神文明和文化建设之中，贯穿了生产种植加工经营全过程。二是健全管理制度，完善诚信息体系。公司将诚信建设列入了企业发展战略，从企业诚信、员工诚信、合同管理、服务规范、消费者评价、舆论监督等方面建立健全了管理机制，确保诚信体系建设、防范信用风险等各项职责落到了实处。一直将"塑造和坚持企业诚信"作为企业文化的"核心价值观"，诚信建设也将推动着公司从优透迈入卓越。

（四）宣传推介及市场营销

紧紧围绕"务实营销"的总体思路，丰富日常活动，让更多人认识沂蒙雪尖，了解北茶，改变普通消费者只知南茶的认知，推广北方茶文化，树立沂蒙雪尖北茶典范新形象，打造"北方高端有机茶领导品牌"。

加大经费投入，注重形象宣传。与临沂晚报、琅琊新闻网、大众网签订合作协议，加大媒体宣传力度。2019年上半年在临沂主流媒体刊发新闻稿件十余篇，扩大了沂蒙雪尖的影响力，提高消费者对品牌的认知度。公司在公交车、飞机场、高速路等多重渠道均有铺设广告，宣传印发画册折页等2万余份，以图文并茂的形式生动展示了雪尖茶种植、生产、加工的风采。丰富企业官网内容，不断完善网络建设，进一步提升了网站的交互体验，开展体验式营销（图3-19）。

图3-19　沂蒙雪尖茶叶

二十、诸葛宴猪肉

（一）企业概况和品牌情况

临沂市诸葛宴食品有限公司成立于2014年6月，注册资金1 000万元。自成立以来积极响应国家食品安全号召，本着安全、营养、原生态的经营理念，大力推广现代化生态环保养殖模式，注重生猪产品的可控性、安全性，严格控制化学药品投入，从种猪培育、生态防疫入手，逐步建立可追溯系统，全程进行关键点监控，实现了生态环保养殖与社会经济效益"双赢"，带动了临沂市生态环保养殖行业的快速发展。

肉质鲜嫩香醇，嚼劲十足、营养丰富的诸葛宴黑猪肉产品很快得到消费者以及相关主管部门的认可。为让广大消费者花最少的钱，吃最好的黑猪肉，采取实体专卖店、超市设立专柜、网络营销等多种渠道进行销售，现已在市区设立多家诸葛宴黑猪肉专卖店，入驻九州超市、振华超市等大型卖场。

该公司全体员工的努力，也获得了价值不菲的回报，近年来获得系列荣誉称号：2015年11月被评为"沂南县县级龙头企业"；2016年4月被评为"临沂市市级重点农业产业化龙头企业"；2017年6月被评为"省级标准化养殖示范基地"；2018年4月被评为第六届沂蒙农产品交易会优质农产品"金奖产品"；2019年5月被山东省农业农村厅评为第四批山东省知名农产品企业产品品牌。

（二）产品特色及科技创新

随着社会的发展，人们的健康意识也越来越强，更多的人倾向于选择绿色健康原生态的食品。诸葛宴黑猪肉富含丰富的蛋白质及脂肪、碳水化合物、钙、磷、铁等成分，具有补虚强身、滋阴润燥、丰肌泽肤的作用。诸葛宴黑猪肉是猪肉中的极品，营养价值远远高于普通肉，且不含激素抗生素，绿色健康原生态，是人们健康饮食的重要选择。

现拥有养殖基地两处,分别是位于浮来山脚下的沂南县湖头镇、沂蒙山脚下的沂南县孙祖镇,基地依山傍水,地广人稀,方圆百里无任何工矿企业。原生态环境,低密度散养,高科技管理,保障了诸葛宴沂蒙黑猪的安全健康。基地设有会员接待中心,提供郊游、踏青、采摘等一条龙服务,让会员在品尝健康黑猪肉的同时有机会感受风景优美的田园风光。

(三)质量控制及诚信建设

临沂市诸葛宴食品有限公司自成立至今在市、县农业及畜牧部门的关心帮助下,通过不断的努力、创新,已逐步发展壮大,目前市区各大型超市均设有专柜,市区门店已扩展至8家。2018年合计销售金额达至5 600余万元,利税近100万元,较2017年销售收入增长近25%。

临沂市诸葛宴食品有限公司沂蒙黑猪养殖基地是省级标准化养殖基地,社员不断增加,功能不断完善,带动当地养猪业的蓬勃发展,养猪业已成为农民增收的重要手段,同时也得到了养殖户与客户的认可。

临沂市诸葛宴食品有限公司将继续在各级领导的指导和帮助下,积极寻求、探索促进养猪业发展的新途径和新方法,依托现有企业优势加大做好示范带头作用,让"以服务农民,为农民增收"为宗旨的创业初衷得到诠释,为社会主义新农村建设贡献力量。

(四)宣传推介及市场营销

临沂市诸葛宴食品有限公司及时了解各级农业、畜牧部门及科技局对养殖新技术的探索,不断创新生态环保养猪模式,通过标准化建设、规模化生产、规范化管理和产业化经营,积极发挥标准化养殖的带头作用,形成了层次分明、相互衔接、互相扶持的特色生猪标准化规模化经营模式。

在临沂黑猪肉行业中,诸葛宴黑猪肉已成为当仁不让的领军品牌，销量每年都以接近倍增的速度节节攀升，是临沂家喻户晓的知名品牌。全国各地的客商也纷纷致电寻求加盟合作，追求卓越品质的诸葛宴黑猪肉定将成为中国黑猪肉行业的佼佼者。

诸葛宴将依托现有公司+基地的企业优势，增设更多的诸葛宴黑猪肉专卖店及网络营销渠道，同时继续积极寻求、探索促进诸葛宴沂蒙黑猪养殖、销售的新途径和新方法，让"消费者花最少的钱，吃最好的黑猪肉"，是诸葛宴食品公司永恒的追求（图3-20）。

图3-20 诸葛宴猪肉及其产品海报

二十一、沂蒙花香蜂蜜

（一）企业简介及品牌概况

山东蒙阴蒙甜蜂业有限公司是一家集专业蜜蜂养殖及系列蜂产品研发、生产、销售于一体的健康型产品有限责任公司（自然人独资）。注册于2015年3月，注册资金600万元，目前占地200亩，建筑面积10 000余平方米。公司员工总数55人，其中具有专业资质检验员2名，大专以上学历人员10名，高中以上学历人员21名，党员6名，并建有蒙甜蜂业有限公司党支部。2018年实现销售收入3 400万元，同比增长7.9%；净利润357万元，同比增长2.7%；纳税60.4万元，同比增长7.8%。2012年在临沂市农业局大力支持下成功申请"蒙山蜂蜜"地理标志产品，2014年该公司被中国科协、财政部评为全国科普惠农兴村先进单位，以及获评临沂市高效生态养殖示范场、特种动物标准化养殖场。2015年该公司荣获临沂市农业产业化龙头企业、资源节约型环境友好型示范单位，在蒙山的养蜂基地被山东省畜牧局评为"无公害蜂产品生产基地"。2017年作为创始成员共同创立"产自临沂"区域公用品牌，并积极参与入驻"产自临沂"官方线上销售平台的搭建和进行绿色食品认证、ISO9001质量体系认证及HACCP认证，同年百花蜜、荆条蜜、枣花蜜、洋槐蜜获得绿色食品证书。2018年荣获十佳电商示范企业。

（二）产品特色及科技创新

该公司坐落于山东省蒙阴县的沂蒙山腹地，这里远离城市和工业园区，境内无工业污染源，森林覆盖率达42%以上，山清水秀，空气清新，生态环境良好。山上覆盖着洋槐、枣树、荆花、丹参、野山花等蜜源植被，蜜粉资源极为丰富，为发展蜜蜂养殖和蜂产品生产，提供了得天独厚的自然地理条件。

该公司生产的"沂蒙花香"牌系列蜂产品，以其"源自沂蒙山，品味纯天然"的原生态特性，享誉大江南北，热销全国100多个大中城市，深受消费者的喜爱和认可。

该公司生产的蜂产品绿色无污染、天然蜂蜜营养丰富、老少皆宜、美容功效显著，产品质量安全险由泰山财产保险公司承保。

（三）质量控制及诚信建设

始终致力于培育制定以品牌核心价值为中心的品牌识别系统，然后以品牌识别系统统率和整合企业的一切价值活动，同时优选高效的品牌化战略与品牌架构，线下线上双管齐下以诚信求生存，以质量谋发展，同时完全遵守国家各个时期的法律法规及行业规定，始终保持生产的合法性，保护了品牌、发展了品牌。

近年来，该公司先后和山东农业大学、山东省农业科学院等院校及科研机构开展产、学、研合作，并承担了中华蜜蜂保种及山东省中华蜜蜂系谱登记工作。该公司授权"产自临沂"线上商城和线下实体店销售"沂蒙花香"品牌蜂蜜制品和"春蜂润物"品牌蜂蜜发酵酒系列产品，并按照"产自临沂"要求所生产产品统一标识。2016年荣获临沂市市级卫生先进单位。

（四）宣传推介及市场营销

多年来，该公司坚持"蜜蜂精神，奉献社会"的经营理念，倡导健康生活，致力于提高大众生活质量。

近年来，在市、县各级党委政府及蜂业主管部门的大力支持帮助下，该公司坚持"抓质量、创品牌、拓销路、促发展"的经营理念，注重技术创新与管理创新，积极发展蜜蜂养殖生产加工，以质量打市场，开拓进取，创新运营模式，为公司快速发展和农民增收发挥了积极作用。为拓宽销售渠道，促使传统销售模式向现代营销理念转变，2007年率先在淘宝网开辟网上销售通路，销售费用降低四成，产品销量提升40%，并加快了资金周转，创造了网上销售成功案例（图3-21）。

图3-21 沂蒙花香蜂蜜

沂蒙特色农产品区域公用品牌
构建模式与提升策略探讨

周绪元[1]，王梁[2]，苗鹏飞[3]，赵锦彪[3]，卢勇[3]

（1.临沂市农业科学院，山东　临沂　276012；2.临沂大学资源环境学院，
山东　临沂　276005；3.临沂市农业局，山东　临沂　276001）

摘　要：临沂市创造了品牌农业的"临沂模式"，通过分析沂蒙特色农产品品牌发展的现状和存在问题，阐述了沂蒙特色农产品区域公用品牌构建的经验，最后对提升品牌价值提出了相应的对策建议。

关键词：农产品；区域公用品牌；价值；构建；提升

中图分类号：F272.3　文献标志码：A　文章编号：1001-8581（2016）09-0107-05

Construction Mode and Upgrade Strategy
of Regional Public Brands of Characteristic
Agricultural Products in Yimeng

Zhou Xu-yuan[1]，Wang Liang[2]，Miao Peng-fei[3]，
Zhao Jin-biao[3]，Lu Yong[3]

收稿日期：2016-04-09

基金项目：临沂市社会科学研究规划课题（2015LX063）；山东省自然科学基金（ZR2015DL002）

作者简介：周绪元（1963—），男，山东临沂人，研究员，研究方向：农产品牌建设

（ 1. Linyi Academy of Agricultural Sciences in Shandong Province，Linyi 276012，
China；2. College of Resources and Environment，Linyi University，Linyi
276005，China；3. Agricultural Bureau of Linyi City，Linyi 276001，China ）

Abstract: Linyi city has created the "Linyi mode" of brand agriculture. This
paper analyzed the current situation and existent problems in the brand development
of characteristic agricultural products in Yimeng area，summarized the experiences
in the construction of regional public brands of characteristic agricultural products
in Yimeng，and finally presented some corresponding countermeasures and
suggestions on the upgrade of brand value.

Key words: Agricultural products; Regional public brand; Value;
Construction; Upgrade

农产品品牌化是农业现代化的核心[1]。农产品品牌建设具有特殊性，区域公用品牌在农产品品牌化具有特殊重要意义[2]，对于提升农产品竞争力、提升区域整体形象、促进当地农业休闲旅游发展有极大的促进作用。山东省临沂市地处鲁东南，素称"沂蒙"，特色资源丰富，近几年临沂市政府高度重视沂蒙农产品区域公用品牌建设，围绕创建品牌农业强市，开展了特色农产品区域公用品牌构建模式和品牌价值提升策略的研究，创造了品牌农业的"临沂模式"[3]。

1 沂蒙特色农产品区域公用品牌发展现状与问题

1.1 发展现状

农产品区域公用品牌是指特定区域内的相关机构、企业和农户所共有的，在生产地域范围、品种品质管理、品牌使用许可、品牌行销与传播等方面具有共同诉求与行动，以联合提供区域内外消费者的评价，使区域产品与区域形象得当共同发展的农产品品牌。沂蒙特色农产品区域公用品牌是指获得农业部地理标志农产品保护登记、国家质检总局地理标志产品、国家商标局地理标志商标或集

体商标的临沂市范围内的特色优势农产品品牌[4]。

临沂市自2009年开始实施优质农产品基地品牌战略，一手抓基地建设，一手抓品牌培育，在全国叫响了"生态沂蒙山优质农产品"区域农产品形象口号，农产品区域公用品牌发展迅速。到2014年年底，全市已创建农产品区域公用品牌45个，其中包括2个国家质检总局地理标志保护产品以及33个地理标志农产品保护登记、20个的国家商标局地理标志商标、1个集体商标。根据浙江大学CARD中国农业品牌研究中心发布的中国农产品区域公用品牌评价结果，2012—2014年临沂市参加有效评估的35个品牌中，有8个农产品区域公用品牌价值超过10亿元，17个农产品区域公用品牌价值超过5亿元，6个农产品区域公用品牌价值不足1亿元（表1）[1]。

表1　沂蒙特色农产品区域公用品牌价值评估情况汇总表

品牌名称	2014年品牌评估价值		2013年品牌评估价值		2012年品牌评估价值	
	品牌价值（亿元）	名次	品牌价值（亿元）	名次	品牌价值（亿元）	名次
苍山大蒜	47.19	16	43.09	17	41.72	19
蒙阴蜜桃	36.18	25	34.76	26	32.8	31
沂南黄瓜	23.79	48	23.51	55	—	—
临沭柳编	17.83	74	—	—	—	—
苍山辣椒	11.61	126	9.69	152	—	—
平邑金银花	11.29	128	9.37	156	—	—
莒南花生	11.24	129	9.68	153	—	—
蒙阴苹果	10.73	132	8.07	174	6.18	224
蒙山沂水	9.69	144	8.42	167	—	—
苍山牛蒡	8.33	169	8.11	171	—	—
大店草莓	6.47	207	6.41	224	—	—
莒南绿茶	—	—	5.44	245	4.9	261
莒南板栗	6.44	209	4.35	274	—	—

（续表）

品牌名称	2014年品牌评估价值		2013年品牌评估价值		2012年品牌评估价值	
	品牌价值（亿元）	名次	品牌价值（亿元）	名次	品牌价值（亿元）	名次
沂水苹果	6.17	213	—	—	—	—
沂蒙绿茶	5.98	218	—	—	—	—
郯城银杏	5.73	225	0.02	393	—	—
临沭花生	5.68	227	3.63	292	—	—
郯香港上草莓	5.14	241	—	—	—	—
蒙山板栗	4.44	253	—	—	—	—
费县山楂	4	264	—	—	—	—
蒙山蜂蜜	2.75	291	—	—	—	—
胡阳西红柿	2.06	303	—	—	—	—
塘崖贡米	—	—	2.45	322	—	—
沂水生姜	1.98	306	1.19	355	—	—
沂水大樱桃	1.96	308	—	—	—	—
芍药山核桃	1.87	310	—	—	—	—
沂州海棠	—	—	1.75	338	—	—
八湖莲藕	—	—	0.24	386	—	—
姜湖贡米	1.11	328	—	—	—	—
方城西瓜	0.94	333	—	—	—	—
蒙山黑山羊	0.88	335	—	—	—	—
蒙山全蝎	0.72	338	0.36	381	0.37	405
孙祖小米	0.34	353	0.15	390	—	—
双堆西瓜	0.26	357	—	—	—	—
沙沟芋头	0.04	365	—	—	—	—

从评估结果看，经过几年的重点培育，临沂市区域农产品公

用品牌建设成效显著。一是临沂市区域公用农产品门类多、覆盖广。35个被评价品牌中，包含了蔬菜、果品、茶叶、粮食、油料、中药材、畜禽、林产品、工艺品、山珍等。二是培育出了一批在全国有影响的农产品区域公用品牌。2014年，苍山大蒜、蒙阴蜜桃、沂南黄瓜、临沭柳编4个农产品区域公用品牌价值进入全国百强，品牌价值分别达到47.19亿元、36.18亿元、23.79亿元、17.83亿元，分别位居第16、第25、第48、第74位。三是品牌价值逐年提高，在全国的位次逐年前移。22个连续两年以上参加评估的品牌，全部是价值年年增加、位次不同程度前移。如苍山大蒜由2012年的47.12亿元、19位提升到2014年47.19亿元、16位；蒙阴苹果由2012年的6.18亿元、224位提升到2014年的10.73亿元、132位。

　　沂蒙特色农产品区域公用品牌的建设，促进了地方的特色产业发展，培育了主导产业，扩大了经营收入，实现了一个品牌带动一个产业。一个知名度较高，信誉度较好的品牌能够在很多的程度上提升农产品的核心竞争力，提高农产品的附属价值，从而提高当地企业和农民的收入水平，促进当地经济的发展。根据有关资料显示，一个知名度较高的农产品的销售价格比普通的农产品的价格高1/5以上。苍山蔬菜收获面积8.7万公顷，总产379万吨，产值70.7亿元，成为兰陵县种植业第一大作物，全县农民收入的60%以上来自蔬菜；"苍山大蒜"不仅在国内具有较高的市场份额，同时也出口到世界多个国家和地区，近年来当地农民的收入增长超过一倍。蒙阴蜜桃种植面积为4.33万公顷，年产量约10亿千克，当地农民的年收入绝大多数来自蜜桃的销售额；"平邑金银花"的年产值为22亿元，成为当地农民增收和地方政府税收的重要来源。目前，全市农作物种植面积80余万公顷，产量5 000余万吨，年产值300多亿元，销往全国各地，其中省内、省外和出口分别占61%、37%和2%。

1.2　面临问题

　　临沂市农产品区域公用品牌虽然有了较快发展，部分品牌已进入提升阶段，但多数还处于初创阶段。一是沂蒙特色农产品区域公用品牌影响力有待进一步提高。区域品牌虽然在数量上有了很大发展，近年来品牌影响力、品牌价值逐年提高，但是缺乏在国内外市场上家喻户晓、知名度高、影响力大的品牌，真正叫得响的品牌仅限于苍山蔬菜、蒙阴蜜桃等几个区域公用品牌，缺少像"涪陵榨菜""烟台苹果""西湖龙井"等知名度高、影响力大的品牌。究其原因，主要是许多区域公用品牌缺乏品牌思维，品牌价值主张不明确，文化资源挖掘不够、缺乏创意，品牌传播散乱等。二是沂蒙特色农产品区域品牌的有效保护机制未建立起来。区域品牌的管理主体是所在地方的政府或行业协会。政府职能在制定公共政策，保护知识产权及区域营销中职能未能履行到位，行业协会在促进会员协作、加强行业自律等方面的作用发挥不好，目前区域公用品牌普遍存在缺少有效保护管理机制，缺乏统一的生产标准、产品质量标准。个别假冒的农产品进入市场，严重损害了区域品牌农产品的市场形象，产生"株连"效应，削弱了特色农产品的市场竞争力，最终损害了区域品牌的整体形象。三是沂蒙特色农产品区域公用品牌的创建主体能力不强，缺乏强势的企业产品品牌支撑，大产业、小品牌问题突出。以苍山牛蒡为例，2014年品牌价值评估中，苍山牛蒡品牌价值8.33亿元，主要集中在兰陵县庄坞镇，该镇种植面积达0.2万公顷，但是生产牛蒡茶的企业达100余家，大多数为小作坊，经济实力不足，品牌创建能力不强，造成了产品品牌多、小、杂，缺乏有影响力的企业产品品牌支撑。四是沂蒙特色区域公用品牌带动作用发挥不足。农产品区域公用品牌与卓越企业的产品品牌尚未得到较好的联系，母子品牌互促机制还未形成，优势互补作用不够明显，区域公用品牌作用没有得到有效的发挥。

2 沂蒙特色农产品区域公用品牌构建模式

农产品存在价值低、易损耗、同质化严重等问题，决定了农产品区域公用品牌创建的特殊性和高难度[4]。创建农产品区域公用品牌，必须构建适宜的区域公用农产品品牌模式。通过对沂蒙特色农产品区域公用品牌的研究，总结出了"开发特殊品种品质，策划特色文化创意，瞄准特色消费群体，做好区域品牌徽标设计，统一区域农产品品牌标准"的"三特两标"构建模式[5]，为培育知名度高、品牌价值高的特色农产品区域公用品牌提供了经验。

2.1　开发特殊品种品质

一是开发特殊品种资源。提高农产品资源的利用能力，政府有关部门要加大对优势产品的重视程度，促进产业的全面发展和农产品品牌的有效推广，从而通过优势产品来带动整个农业的发展，如加强对莒南花生等知名品牌指导和政策优惠。对沂河黄瓜、苍山牛蒡、蒙阴蜜桃、平邑金银花、临沭柳编等已具有一定规模性和知名度的区域公用品牌农产品要加强品种选育，强化特质，扩大宣传，将其培育成特色名品；对孝河藕、沙沟芋头等历史传统农产品，要深入开发，扩大规模，提高产品附加值。二是保障农产品质量安全。通过建立大型的示范基地向农民的生产提供专业化的指导，保证农产品的质量满足严格的标准，从而保障农产品的品牌形象。临沂市各级政府建立了优质农产品示范基地和生产基地、发布了农产品园区建设规范，实行标准化生产，对农产品的生产过程进行了严格的规范，建立了质量追溯体系和追溯平台，确保农产品能够达到有机农产品、绿色食品、无公害农产品等农产品质量安全认证标准，保证农产品的优质和生态安全。截止到目前，临沂市当地获得的"三品一标"的认证数量已经超过了1 500个，更为突出的是当地农产品质量例行监测合格率稳定在98%以上，高于全国、全省平均水平，体现了沂蒙特色农产品的质量安全水平较高。

2.2　策划特色文化创意

沂蒙是一个具有地理特点和文化特征的名称，尤其是随着一些影视热剧的播出，当地的文化也得到了更多的发展和弘扬。在临沂市发展现代农业的过程中，也充分利用了当地了文化优势，促进当地农产品的品牌建立，提高了当地农产品的影响力，打造出国内知名的农产品区域公用品牌。兰陵县政府聘请浙江大学中国农业品牌研究中心对苍山蔬菜品牌策划了"苍山蔬菜，绿色的"核心价值主张；兰山区挖掘"王祥卧冰求鲤"的孝文化打造孝河藕品牌，临沂市有机农产品协会充分利用沂蒙红色文化打造"蒙山沂水"品牌，苍山牛蒡则突出了养生文化，姜湖贡米将之曾在清乾隆时期作为贡米进贡朝廷来突出历史文化等。文化元素的注入，显著增强了品牌影响力。

2.3 瞄准特定消费群体

每个沂蒙特色农产品的区域公用品牌都确定特定消费群体和特定区域，因地制宜进行产品定位和传播，加大产品品牌化营销力度，确保产品在目标地区和人群畅销。沂蒙特色农产品主要面向经济较为发达的东南沿海地区及具有浓厚山东情结的京津、东北地区。如"苍山蔬菜"的知名度较高，根据有关资料显示，在2010年的上海世博会中，专供蔬菜有1/2来自临沂市的"苍山蔬菜"，说明"苍山蔬菜"以品质赢得了上海市蔬菜市场的极大份额，远远领先于其他竞争对手。"沂南黄瓜"销售到全国的绝大多数省份和城市之中，并出口到我国的主要贸易合作伙伴国家。"临沂大银鱼"也占有较大市场份额，目前在全国的市场份额超过1/5。

2.4 做好区域品牌徽标设计

徽标（LOGO）是一个区域品牌形象的符号，也是公众对于品牌认知的一种表现。一个好的徽标则代表了一个知名度较高、信誉度较好的品牌形象，能够增强消费者对于产品的信赖度和喜好度。在区域公用品牌创建中，要加大徽标的设计，既要美观大方，简洁实用，又要通过徽标来体现区域农产品特点、特殊的地理位置和该区域的历史、文化、风情、丰富的精神内涵以及价值取向等，提高区域公用品牌的知名度和影响力。如苍山蔬菜的品牌LOGO

（图2）以书法笔触勾勒出辣椒、大蒜、茄子、菌菇、丝瓜、大葱、番茄、牛蒡等苍山蔬菜主要品种的形象，巧妙构成"苍山"的拼音"cangshan"，表现产品为蔬菜的产品属性，传递来自"中国蔬菜之乡"的产地属性。苍山蔬菜的品牌符号创意适当借鉴了"好客山东"形象，让消费者能够产生"来自山东"的产地联想。"临沭柳编"的品牌LOGO（图1），采用了中国传统的小篆字体的"编"字进行演变。寓意着草柳工艺在本地区的悠久历史和文化传承。在外形的处理上，以"花篮"的形式来表现，体现了草柳制品的使用方式传承了以"盛器"为主，用来放置和盛载各种物品的篮子，成为本设计的表现主题。对造型的设计上，标志中篮子的主体部分又像似盛开的花朵，象征着本地区的草柳编织工艺品会不断地销往全国和世界各地。图案标志整体颜色为植物自然绿色，象征着绿色、环保、无污染。

图1　临沭柳编LOGO　　　　图2　苍山蔬菜LOGO

2.5　统一区域品牌农产品标准

在建立农产品区域公用品牌的过程中，重视区域公用品牌和个体企业品牌的联系，将个体企业品牌作为区域品牌的一个附属部分，通过多个企业和政府有关部门的合作努力促进当地农产品区域公用品牌的形成和发展[6]。但是也存在着一个区域品牌下有十多个甚至20多个企业产品，呈现散、小、杂、标准不统一等问题。在区域公用品牌培育中，由政府或者行业协会主导、企业参与，出台区域公用品牌标准。如蒙阴蜜桃制定了山东省地方标准《地理标志

产品 蒙阴蜜桃》；沂蒙绿茶制定了临沂市地方标准《地理标志产品 沂蒙绿茶》《沂蒙绿茶标准化栽培技术规程》；平邑金银花制定了团体标准《平邑金银花》《平邑金银花等级规格》《平邑金银花茶》等系列标准；蒙山沂水制定了集体商标使用规则，明确了产品标准要求。各个区域公用品牌采用统一的产品标准、技术规范、准入制度、宣传推介、外形包装、品牌保护、指导服务。同时，进一步规范区域公用品牌使用范围，明确要求只有符合条件的产品品牌才能使用区域公用品牌，逐步替代旧的、落后生产标准，淘汰一批生产不达标的企业，实现同质同价。

3 沂蒙特色农产品区域公用品牌价值提升策略

区域公用品牌具有一定的特殊性、公益性，需要借助区域内的农产品资源优势，具有区域的表证性意义和价值。因此，在建立农产品区域公用品牌时需要当地的所有的生产者、政府有关部门及行业协会进行共同努力。通过建立完善多元化的品牌支撑体系、多环节的品质控制体系、多方共赢的品牌互促体系、多种形式的品牌营销体系的"四多体系"整合提升模式，提高当地农产品区域公用品牌的知名度和企业产品的信誉度，从而提高农产品的核心竞争力，促进当地农产品的销售，树立良好的区域形象，提升所在地区和城市知名度。

3.1 建立多元化的品牌支撑体系

基地是品牌的基础，质量是品牌的生命。通过对农产品的严格标准化，保证农产品的质量水平，从而提高消费者对于企业产品的信任程度。将当地文化有效融入产品之中，能够增加当地农产品与其他地区农产品的差别性，提高当地农产品的核心竞争力。通过加强农产品的管理，提高产业各个环节的生产效率和管理校车，促进当地农产品区域品牌的建设和发展。在区域品牌的发展过程中，加强对品牌设计、品牌认知等方面的工作，提高目标人群对于区域品牌的认知度和信任程度，注册相关商标和认证，提高消费者的放心度，从而充分发挥农产品的区域品牌效应，促进当地农产品在更大的程度上打开市场，销售到国内外各个国家和地区之中。

政府有关部门在发展当地的农产品区域公用品牌上应该起到引领作用，进行详细完善的规划，引入先进的技术，采用优惠的政策措施，引导当地企业、合作社、农户对农产品的品种进行优化升级，在产出过程中加强政府的检测能力。农产品行业协会应该根据当地的品牌发展，从品牌传播、牌维护等多个层面进行品牌规划，最大程度地帮助政府完成规划工作。以政府来引导和扶持，行业协会来保护和管理，企业、合作社等经营主体来提升，各司其职而又相互配合。当地农产品区域公用品牌的形成过程中，政府有关部门应该重视培育品牌建设主体，加强品牌推介、品牌保护，促进当地农产品区域公用品牌的形成和发展。

3.2　建立多环节的品质控制体系

临沂市在建立农产品区域公用品牌的过程中，坚持落实以农产品质量为核心的原则，保护消费者的合法权益，提高消费者的满意程度，从而维护和发展农产品区域公用品牌。在生产过程中，严格落实标准化生产体系、强化农产品质量检测水平、在全国首先提出建设全国农产品质量安全放心市的目标，并产生了积极影响，对于当地农产品区域公用品牌的发展有极大的促进作用。按照严格标准，重点培育当地优势产品，提高当地优势产品的产量和质量检测标准，促进优势产品的发展。地方政府也不断发展和完善现有的农产品质量检测体系，从多个层次对农产品的质量进行检测，保障了当地的农产品符合严格的标准，保证消费者的合法权益和维护了地区公用品牌形象。当地地方政府和企业、农业应该不断健全现有的农产品系列标准，提高农产品的科技含量和生产规模，提高当地农产品的核心竞争力，促进当地高质量农产品的区域公用品牌的形成和提升。在质量控制的角度上，结合市场监督机制和政府检测机制，保证对外销售的农产品满足一定的标准，确保农产品的质量安全，保障了当地农业的持续性发展。

3.3 建立多方共赢的品牌互促体系

临沂品牌农业模式的一个显著特点就是"三牌同创"，即统筹区域形象品牌、区域公用品牌、企业产品品牌协同发展，建立了以"生态沂蒙山优质农产品"为区域形象，以特色优势农产品区域公用品牌为背书，以企业产品品牌为支撑的品牌互促体系。通过强化政府、行业协会、企业品牌创建合作、共同参与竞争的意识，避免同质化竞争。特别要在培育特色产品、开发加工产品上下功夫，在不断提高农产品质量、健全完善质量追溯体系，将当地文化融入品牌之中，拓展市场。

在建立农产品区域公用品牌的过程中，重视区域公用品牌和企业产品品牌的联系，将企业产品品牌作为区域品牌的支撑，通过企业和政府有关部门的共同努力促进当地农产品区域公用品牌的形成和发展。在品牌培育过程中，要进一步构建区域公用品牌带动企业产品品牌发展管理机制，指引、鼓励符合条件的企业在品牌包装、宣传推介等全方位使用区域公用品牌，合理、有效发挥区域公用品牌引领带动作用。同时，在每个品牌中选取若干个优势产品进行重点扶持，重点培育，通过若干个优势产品的先行发展和市场份额的提高来带动其他产品的发展，实现区域公用品牌的整体效益的最大化，建立一个共赢的品牌支撑体系。如胡阳西红柿是近年来费县胡阳镇发展起来的优势产业，地方政府应该加强对该品牌的扶持，提高该产业的产出水平，严格把控产品的质量水平，促进该产业在国内市场甚至是国际市场中获得更大的市场份额，提高品牌的知名度。

3.4 建立多种形式的品牌营销体系

实现品牌产品优质优价，关键在于市场开拓。在品牌营销体系的建设过程中，临沂市坚持从多个层面对市场进行开发，大力发展高端市场，实现小生产规模与大消费市场的完美结合。在产品品牌营销战略中，要多元化开拓品牌产品的销售渠道，保障消费者对品牌产品的需求。要在巩固传统营销渠道的同时，建立完善的销售网络，积极开拓超市销售、专卖店销售、直销、会员制营销及国外市场等，重视电子商务的发展，提高线上销售的比重，降低销售的中间成本。充分利用媒体进行品牌宣传，采取举办节会等形式强化宣传，利用各级各类交易会、博览会进行营销宣传，经常到主销城市举办推介会等多种形式扩大品牌产品影响，让更多的特色农产品从区域性品牌走向全国性品牌。

参考文献

［1］浙江大学CARD农业品牌研究中心. 2010中国农产品区域公用品牌价值评估报告[J]. 农产品市场周刊，2011（2）：3-20.

［2］周绪元，苗鹏飞，卢勇，等. 临沂模式，成就优质沂蒙农产品[J]. 品牌农业与市场，2015（4）：13-14.

［3］张丛，于洪光，吕兵兵. "图腾"脉动沂蒙山——山东省临沂市推进品牌农业发展观察[N]. 农民日报，2016-01-22.

［4］周绪元. 临沂市蔬菜区域公用品牌创建与价值提升的思考[J]. 中国蔬菜，2015（山东专刊）：34-36.

［5］崔茂森. 高端农产品区域品牌形成机制研究[C]. 2011年管理创新、信息技术与经济增长国际学术会议. 武汉：武汉大学，2011.

［6］郑秋锦，许安心，田建春. 农产品区域品牌战略研究[J]. 科技和产业，2007（11）：63-66.

发表于《江西农业学报》，2016年第9期

农业品牌化现状及未来发展思路

——以山东省临沂市为例

周绪元[1]　陈令军[2]　张永涛[1]

（1.临沂市农业科学院，山东　临沂　276012；2.临沂大学，山东　临沂　276000）

摘　要： 农业品牌化是近年来国内农业发展呈现出来的一种突出现象，其价值得到广泛认可。以革命老区临沂为例，探讨其农业品牌化历程，在总结相关经验与问题基础上，从农业品牌价值的构建、农业产业品牌互促体系的建立及农业产业品牌创建合力的形成等角度提出了农业品牌化发展的未来思路，以期为农业及农村经济的发展起到促进作用。

关键词： 品牌；农业品牌；标准化；产业化；临沂

Current Situation and Future Development Ideas of Agricultural Brand

—A Case Study of Linyi City in Shandong Province

Zhou Xuyuan[1]，Chen Lingjun[2]，Zhang Yongtao[1]

（1. Linyi Academy of Agricultural Sciences，Linyi 276012，Shandong；
2. Linyi University，Linyi 276000，Shandong）

Abstract: The agricultural brand is a prominent phenomenon presenting

收稿日期：2016-08-19

基金项目：山东省重点研发计划（软科学部分）（2016RKA13002）

作者简介：周绪元（1963—），男，山东费县人，研究员，研究方向为品牌农业及蔬菜栽培与商品化处理。E-mail：zxy6309@163.com

临沂市优质农产品基地品牌建设办公室

in domestic agricultural development in recent years，and its value is widely recognized. Taking Linyi，an old revolutionary area，as an example，this paper discussed its agricultural brand process. On the basis of summarizing relevant experience and problems，the ideas for the agricultural brand development in the future were put forward from the construction of agricultural brand value，the establishing of the agricultural brand promoting system and the formation of combined forces in agricultural brand creation，in order to promote the development of agriculture and rural economy.

Key words: brand; agricultural brand; standardization; industrialization; Linyi

品牌是重要的无形资产，品牌化是农业市场化与产业化进程中的一种必然。作为农业现代化的核心标志，农业品牌化是我国农业产业转型升级不可逾越的选择。随着改革开放的深入进行，农业品牌化在全国各地如火如荼开展起来，成为我国近年来农业发展过程中一道靓丽的风景，许多区域从品牌化中获益，在促进自身快速发展的同时，增强了农产品的市场竞争力。地处革命老区的临沂市近年来利用自身优势在农业品牌化方面走出了一条特色之路，临沂市委、市政府强力推进沂蒙优质农产品品牌建设，"生态沂蒙山、优质农产品"在全国产生了一定影响力。本研究总结分析临沂市农业品牌建设的经验和问题，对推进山东省乃至全国同类地区的农业品牌化具有一定的启发和借鉴意义。

1　农业品牌化发展的历程及经验

中国农业品牌走上了一条快速发展之路。21世纪以来，各地品牌意识提升很快，许多地域将农业品牌化作为农业发展的重要战略，从重视产品质量到走差异化之路，以及积极扩大产品宣传，许多促进品牌提升的实践活动为品牌建设起到了重要的保驾护航作用。在市场拉动下，一些区域形成了"政府推动、企业主动"的品牌建设局面。根据《中国商标战略年度发展报告（2014）》，截至

2014年，农产品商标累计注册量达到168.9万件[1]。另据农业部新闻办公室信息，截至2014年，全国绿色食品企业8 700家，产品21 153个，无公害农产品认证产品达7万多个，农产品地理标志登记总量达到1 588个[2]。当前我国正处于由中等收入国家向高收入国家迈进的关键阶段，农产品消费已进入更注重质量、品牌的历史时期，大力推进农业品牌化已刻不容缓，并且我国在推进农业品牌化过程中存在政策环境好、市场空间大及推进基础牢固等明显优势[3]。

山东临沂市农业品牌建设起步较早，大体分为4个阶段：第一阶段为2008—2009年的酝酿阶段，临沂市委、市政府认识到品牌发展的重要性，提出了基地品牌发展的理念；第二阶段为2010—2012年的起步阶段，实施了"规模化、标准化、品牌化"系列工程，重点抓基地建设，以基地建设促品牌创建；第三阶段为2013—2015年的推进阶段，主要明确了以品牌为统领的方针，注重农产品质量安全水平的提高，强化农产品品牌宣传推介，树立了"生态沂蒙山、优质农产品"整体品牌形象，初步形成了农产品品牌建设的临沂模式，成效显著[4]；第四阶段为2016年以来的提升阶段，强化农产品品牌建设的顶层设计，推出了"产自临沂"市域农产品公用品牌，加快建设品牌农业强市。"产自临沂"包含了以德务农的品牌发展理念，这是山东省首个市级全品类的农产品区域公用品牌，该举措标志着由主要靠发布广告形象向打造公用品牌阶段转变，是品牌大市向品牌强市迈进的重要举措，同时通过品牌建设规划的实施，有力推动临沂农产品品牌建设由山东领先向全国典范的转变。

总体而言，临沂市多年来农业品牌建设最核心的经验就是实行全域整体形象品牌、区域产业公用品牌与企业产品品牌"三牌同创"。即以全域整体形象品牌为引领，运用"区域产业公用品牌+企业产品品牌"的"母子品牌"模式。临沂农业品牌化建设的做法和经验，被誉为山东农业品牌建设的样本、农业品牌建设的临沂模式。

2　农业品牌化过程中存在的主要问题

农业品牌化建设是一个系统工程，涉及较多环节和因素，推进过程中难免存在许多困难和问题。目前全国性农业品牌发展规划尚未形成，品牌创建过程中存在整合协调不够、缺乏创新思维、具有较强竞争力的知名品牌尚少等现象。本研究以临沂为例，认为其农业品牌建设过程中的突出问题主要表现在以下几个方面。

2.1　创建品牌的龙头企业实力不够强

从事农产品产销的企业往往是中小企业，整体实力较差。从临沂来看，作为山东省面积最大和人口最多的地级市，国家级的龙头企业只有4家，年销售额过10亿元的农产品企业也只有10多家，企业普遍规模较小，影响了品牌的打造。企业实力弱，产品品牌没有形成知名度，虽然临沂农产品区域公用品牌的知名度较高，如苍山大蒜、蒙阴蜜桃、沂南黄瓜、临沭柳编、莒南花生等，但是品牌效应尚未得到良好发挥，没有取得相应的经济与社会效益，农民收入没有得到有效增加。

2.2　产品的品质特色不够鲜明

临沂市特色农产品资源很丰富，产品也非常多，仅农业部登记的地理标志农产品就达34个，每个县区都有。但这些地理标志农产品与国内同类产品比较，具备不可替代性的很少，且农产品的特色亮点、卖点挖掘还不够，缺乏特有的品牌与特质。由此可见，农产品的低值易耗、同质化严重，是农产品品牌化创建过程中急需解决的问题。

2.3　整合力度、传播力度不够大

临沂市区域公用品牌虽然很多，但存在小而散的问题。以茶叶为例，全市共有0.467万～0.533万公顷的茶叶种植面积，但是农业部地理标志农产品登记的就有4个，包括沂蒙绿茶、莒南绿茶、临沭绿茶、沂水高山绿茶，每个品牌规模体量都很小，缺少整合，

品牌知名度不高；再比如牛蒡，兰陵县庄坞镇种植面积达0.333万公顷，但镇上生产牛蒡茶的就有上百家单位，规模都不大，产品以低档牛蒡茶为主，通过淘宝、天猫等网络进行销售，价格战时有发生，经济效益不明显。此外，在品牌传播方面，总体上缺乏统筹规划，碎片化广告宣传居多，没有将电视媒体、平面媒体及各类新媒体进行协同宣传。

3 未来发展思路

尽管我国农业品牌化发展取得了令人瞩目的成绩，但与发达国家相比还有较大差距，品牌建设仍然任重道远，需要凝聚各方力量，扎实做好各项基础工作，共同创设农业发展的未来[5]。

3.1 农业产业品牌价值的构建

从农产品品牌价值构建来看，品牌价值的内涵主要指品种、品质、品位，外在表现就是商标（LOGO），对此本研究称为"三品一标"。

品种主要是两个方面，一是各地的特色品种资源；二是产品的开发利用，包括加工农产品、研发新产品等。对于真正的初级农产品特别是生鲜农产品，打造品牌的难度比较大，主要是通过延长农业产业链，加工成食品或其他产品。

品质是打造品牌的基础。在销售规模比较小、产量比较低时，品质把控还相对容易，但随着知名度提升、经营规模扩大，品质把控难度加大。通过制订品牌农产品的产品标准、生产标准、保鲜加工标准、储存流通标准，并认真抓好落实是打造品牌的必要手段。同时要积极申请农产品质量认证，以提高产品质量公信力。

品位主要指文化品位。搞好创意策划、增加品牌的文化元素对于提升农产品品牌价值十分重要。临沂素称沂蒙山区，沂蒙就是临沂的代名词，在品牌打造过程中，很多农产品都嫁接了沂蒙这个地域概念，像沂蒙红嫂、沂蒙六姐妹、沂蒙故事、沂蒙小山村、蒙山沂水等品牌，都刻意突出沂蒙的地域概念。同时，临沂也是个革命老区，红色文化资源比较典型，历史文化资源也很丰富。沂蒙红色文化是构建农产品品牌宝贵的精神内核，为打造临沂优质农产品品牌奠定了良好的知名度基础，具有较大的经济价值[4]。总体而言，临沂在农产品品牌塑造方面对文化的挖掘与利用还很不够，许多品牌还缺乏品牌故事，应该充分利用文化资源，讲好品牌故事，增加品牌的文化底蕴。

LOGO是品牌最直观的形象，是品牌创建的基础一环，需要引起高度重视。一个好的LOGO代表了一个知名度高、信誉度好的产品，反映消费者对产品的信赖度和喜好度。因此要强化LOGO的设计，既要美观大方、简洁实用，又要体现产品的特点、特殊地理位置以及历史、文化、风情、精神内涵和价值取向等，以此来提升农业品牌的知名度和影响力。

3.2　农业产业品牌价值的提升

首先，要搞好顶层设计，这是价值提升的基础。"好客山东"有较高的知名度，在全国旅游行业树立一个典范，体现出顶层设计的必要。农产品品牌规划也需要增强专业性，做好价值挖掘、LOGO设计、广告语确定、营销传播等系列工作，确保一经推出即能产生良好反应。

其次，要进行整合传播，利用媒体捆绑打包进行宣传。临沂在整合传播方面借鉴了"好客山东"的经验，采用"联合推介、集中宣传"，在央视、山东卫视各个媒体上集中宣传，效果很好，在全国形成了一定的影响。同时，各个县区围绕自己的特色产业开展了一系列节庆活动，每个县区每年都举办各种推介，包括网上宣传推介及博览会、交易会等场合的宣传推介。

再次，要做好品牌农产品的营销。除了专卖店、专柜、同城配送、会员制、电子商务等这些常规的办法外，可通过事件营销的方式迅速提高品牌知名度。

3.3　农业产业品牌互促体系的建立

从全国来说，新鲜蔬菜瓜果哪个品牌最好，消费者往往不知道，品牌化相对比较滞后。从临沂农产品现状来看，能够在全国叫得响的品牌还很少。2014年，在浙江大学中国农业品牌研究中心开展的价值评估中，有4个临沂区域公用品牌进入全国百强，但很多区域的产品品牌真正有知名度的则很少。

现在很多区域公用品牌和产品品牌发挥的作用并不很理想。笔者认为，一个区域内全品类的品牌是区域的整体形象品牌，其与区域的产业公用品牌有很大区别，应该对这两种品牌进行恰当定位。区域整体形象品牌作为引领，区域产业公用品牌作为背书，而企业产品品牌是最重要的主体。整体形象品牌和区域公用品牌都是通过产品品牌来创造效益，因而应该为产品品牌搞好服务，当然其对于提升地域形象的作用也非常明显。所以需要3种品牌相互促进、相互支撑。

3.4　农业产业品牌创建合力的形成

农产品品牌创建其实是个"三长工程"：一个是政府市长、县长，一个是行业协会会长（或品牌运营公司董事长），一个是企业董事长，三方面缺一不可。

作为政府层面，对品牌农业的认识程度决定了其对品牌工作的力度。品牌是现代农业的核心标志，对于农业产业转型升级、供给侧结构改革来说，品牌是最好的抓手，产业化、标准化、外向化、科技化等往往都需要通过品牌化来落地实现。比如有机韭菜认证，产品拿到农贸市场上去销售可能很难体现有机价值。另外，"三品一标"续展的企业比率不高，主要原因在于多数地方政府只是针对新认证的产品进行奖励，企业新认证的产品多，得到的奖励就越多，所以认证期限一到，企业就不去续证。企业只有把认证的产品通过品牌营销获得溢价，才能长期乐于进行认证，标准化才能真正落到实处。因此政府领导认识到位、政策措施落实到位很重要。

作为行业协会，从国内外发展来看，其作用非常重要。但目前国内的协会运行较好的较少，真正靠协会来运作品牌在很多地方还存在许多亟待解决的问题。现在部分地区通过品牌运营公司来运作区域公用品牌是一种比较有意义的尝试。企业无疑是品牌建设非常重要的主体。董事长要有做百年企业的长远意识，舍得在品牌上投资，扎实做好品牌策划、品质管控及营销推介等各环节工作，久久为功，才能做大做强品牌。

总之，农产品品牌建设是一个系统工程，难度很大，作为品牌建设的关键主体一定要"一把手抓，抓一把手"，只要市长、县长与会长、董事长"三长"在思想上、行动上合一，不缺位、不越位，对农业品牌高度重视，自始至终协同作战，创建农产品知名品牌就大有希望。

参考文献

［1］中华人民共和国国家工商行政管理总局商标局，商标评审委员会. 中国商标战略年度发展报告（2014）[EB/OL].（2015-04-20）[2016-09-06]. http://www.saic.gov.cn/zwgk/ndbg/.

［2］农业部新闻办公室. 我国农业品牌建设硕果盈枝[J]. 休闲农业与美丽乡村，2016（1）：90.

［3］张玉香. 牢牢把握以品牌化助力现代农业的重要战略机遇期[J]. 农业经济问题，2014（5）：4-7.

［4］陈令军. 区域农产品品牌的文化构建——以临沂地区红色文化为例[J]. 商业时代，2014（20）：54-55.

［5］山东省人民政府办公厅. 山东省人民政府办公厅关于加快推进农产品品牌建设的意见[EB/OL].（2015-05-13）[2016-08-06]. http://www.shandong.gov.cn/art/2015/5/13/art_285_7050.html.

发表于《农业展望》，2016年第11期

地级市层面全域农业品牌化发展模式与路径研究

周绪元[1]，卢勇[2]，解辉[2]，孙伟[1]，张永涛[1]，周楷轩[3]

（1.临沂市农业科学院，山东　临沂　276012；2.临沂市农业局，山东　临沂　276001；3.临沂六美农产品有限公司，山东　临沂　276001）

摘　要：本文以地级市为研究对象，阐述了农业品牌化的内涵及农业品牌化发展的三个阶段，首次提出了"全域形象品牌"的概念、作用，分析"全域形象品牌+区域产业品牌+企业产品品牌"三牌协同架构模式及运营模式；明确了"1+3+N"全域全链一体化的农业品牌化推进路径及实行协同推进、搞好顶层设计、抓好宣传营销、强化科技创新、做大做强品牌主体的农业品牌化发展策略。

关键词：农业品牌化；全域形象品牌；架构模式；发展策略

中图分类号：S-9　**文献标志码**：A　**文章编号**：1001-8581（2017）11-0141-05

Study on Developmental Mode and Route of All-for-one Agricultural Branding in Prefecture-level City

Zhou Xu-yuan[1]，Lu Yong[2]，Xie Hui[2]，Sun Wei[1]，

Zhang Yong-tao[1]，Zhou Kai-xuan[3]

（1. Linyi Academy of Agricultural Sciences in Shandong Province，Linyi 276012，China；2. Linyi Agricultural Bureau of Shandong Province，Linyi 276001，China；3. Linyi Liumei Agricultural Product Limited Company in Shandong Province，Linyi 276001，China）

收稿日期：2017-07-03

基金项目：山东省软科学研究计划项目"农业品牌化推动区域经济发展研究"成果（2016RKA13002）

作者简介：周绪元（1963—），男，山东费县人，研究员，主要从事农业园区与农业品牌建设、蔬菜质量安全等研究

Abstract: This paper takes the prefecture-level city as the research object, and expounds the connotation of agricultural branding and the three stages of agricultural branding development. For the first time, we put forward the concept and function of "All-for-one brandimage", analyze "All-for-one brandimage plus Regional industrial brand plus Enterprise's product brand" collaborative architecture mode and operation mode, and make sure the developmental route of "1+3+N" all-for-one wholechain and integrative agricultural branding, as well as the developmental strategies of agricultural branding: collaboratively advancing the job, doing top-level design well, making great efforts to advertise for marketing, strengthening scientific and technological innovation, and making the brand main-body bigger and stronger.

Key words: Agricultural branding; All-for-one brandimage; Architecture mode; Developmental strategy

　　农业品牌化已成为农业现代化的核心标志，其品牌建设已成为我国现代农业发展的重大战略[1]，是当前加快农业供给侧结构性改革、实现新旧动能转换的重要抓手。随着国家品牌日的设立，品牌化已上升为国家战略，各级政府高度重视农业品牌化工作。2017年中央一号文件，首次提出"推进区域农产品公用品牌建设，支持地方以优势企业和行业协会为依托打造区域特色品牌，引入现代要素改造提升传统名优品牌"。深入研究地级市层面全域农业品牌化发展的模式与路径，对于加快推进我国农业品牌化进程具有重要意义。

1　农业品牌化已进入全域品牌化发展阶段

1.1　农业品牌化的内涵

　　品牌化是赋予产品和服务一种品牌所具有的能力，品牌化的根本是创造差别与众不同[2]。农产品品牌化是农产品特色化、标准化、科技化的过程，凝聚着生产者的辛劳、管理者的智慧、营销者的情感、消费者的向往[3]。农业部提出将2017年确定为农业品牌推进年，农业品牌化发展进入了一个新阶段。

农产品品牌，是基于农业生产与经营所产生的物质产品与服务体系、消费者对农产品的体验感知、品牌符号体系与意义生产等要素的系统生产、互动沟通、利益消费而形成的，独特的利益载体、价值系统与信用体系。农业品牌不仅包括农产品品牌，也包括农业生产经营全产业链过程中出现的各种类型的品牌，如农业服务品牌、农业产业品牌、农业企业品牌、农业商业（流通）品牌、农业综合品牌等。农业综合品牌指从品种、品质、生产管理直至一二三产业联动经营的涉农品牌，具有其"从田头到餐桌""从生产到消费"一站式体系性服务的综合性品牌[4]。

狭义的农业品牌化就是指农产品的品牌化。广义的农业品牌化是农业全产业链、全区域的品牌化，除农产品品牌化外，还包括农业投入品品牌化、农业服务的品牌化、休闲农业品牌化等。农业品牌化是一个系统工程，是将传统自然经济中的小农经济改造成现代农业市场经济中大规模商业性农业的过程，是农业经营面向市场提高溢价能力和竞争力的重要途径，是将自然优势、资源优势、产品优势转变成经济优势的重要途径，是农业规模化、标准化、产业化、科技化等落地的重要手段，是推动特色农业提升、区域经济发展的必然选择。全域农业品牌化就是上述广义的农业品牌化。

1.2 农业品牌化的发展阶段

崔茂森[5]提出农产品区域品牌创建过程要经过初创和提升2个阶段，临沂市农业品牌化建设的过程也证明了品牌建设必须循序渐进。临沂市农业品牌化的发展大体经历了4个时期：一是2009年前的酝酿时期，大力发展农业产业化，逐步认识到品牌发展的重要性，提出了基地品牌发展的理念；二是2010—2012年的起步时期，实施了"规模化、标准化、品牌化"，重点抓基地建设，以基地建设促品牌创建；三是2013—2015年的推进时期，主要明确了以品牌为统领，提高农产品质量安全水平，强化农产品品牌宣传推介，树立了"生态沂蒙山优质农产品"整体品牌形象，创造了临沂模式，成效非常显著；四是2016—2020年的提升时期，开展品牌建设的顶层设计，推出了"产自临沂"市域农产品公用品牌，加快建设品牌农业强市。

综合各地农业品牌发展的历程，农业品牌化的发展需要经过3个阶段：一是奠定农业品牌基础发展阶段。该阶段主要是实施农业产业化，通过规模化、标准化、科技化等提高产量和品质，重点发展农业产业化龙头企业、开展农产品基地建设和农产品流通体系建设，提升农业产业化水平。二是特色优势农产品品牌发展阶段。该阶段主要是增强品牌意识，开展农产品品牌建设，将特色优势农产品打造成地理标志品牌，采取特色优势农产品"区域公用品牌+企业产品品牌"的模式，培育一批农产品区域公用品牌和企业产品品牌，实现特色优势产业品牌化。三是全域农业品牌化发展阶段。该阶段通过创建全域形象品牌，引领区域产业品牌、企业产品品牌发展，做大做强品牌农业，培育一批知名农产品品牌，实现一二三产业融合发展，提升地方农业形象，实现全域农业品牌化。

2　创新全域农业品牌化的品牌架构模式

2.1　全域农业品牌化呼唤品牌架构模式创新

品牌架构模式是指各品牌之间相互关系的模式。当前在国际品牌界，大致把品牌架构分为四种模式：母子（主副）品牌制、多品牌制、背书品牌制、多品牌组合制。

农产品品牌与工业产品品牌不同，农产品具有鲜明的地域特色、文化特色等特有的品牌元素，区域公用品牌是农产品的品牌特色。浙江大学胡晓云等[6]提出将农业品牌分为区域公用品牌和企业产品品牌。以集体商标、证明商标注册的品牌为"区域公用品牌"，以商品商标、服务商标注册的品牌为企业品牌或产品品牌。我国目前在特色优势农产品产业上，各地多采用"区域公用品牌+企业产品品牌"母子品牌架构。如烟台苹果[7]、安吉白茶[8]、库尔勒香梨[9]等品牌建设都采用了母子品牌架构。母子品牌架构在推进特色产业品牌化发展中发挥了很好的作用。随着当前农业品牌进入全域农业品牌化新阶段，迫切需要研究探索新的品牌架构模式。

地级市区域范围较大，特色资源丰富，产业门类多，往往没有一个占绝对优势的产业能够代表整个区域的农产品，这种情况下如何打造强势区域公用品牌成为地级市政府品牌创建的一个难题。同时实现全域农业品牌化，也需要解决非特色优势产业的公用品牌引领问题。基于以上考虑，临沂市从2009年以来进行了探索，创造出了整体品牌形象、区域公用品牌、企业产品品牌"三牌同创"的临沂模式[10]，推出了"产自临沂"农产品整体形象品牌。近两年来，各地纷纷策划了全区域的公用品牌，如地市级的浙江丽水推出了"丽水山耕"、贵州毕节推出了"乌蒙山宝 毕节珍好"、山东聊城推出了"聊·胜一筹"等市域农产品公用品牌。实际上这些也是属于整体形象品牌。受好客山东[11]和全域旅游[12]的启发，笔者把这些全区域、全品类的区域公用品牌称之为全域形象品牌，把单品类的特色优势农产品的区域公用品牌称之为区域产业品牌。国内代表性的地市级农产品全域形象品牌建设情况见表1。

表1　代表性地市级农产品全域形象品牌建设情况

地级市	品牌名称	品牌口号	产权主体及运作主体	创建情况	品牌策划设计机构
浙江丽水	丽水山耕	法自然享淳真	丽水市生态农业协会，丽水市农业投资发展有限公司	2014年9月26日发布，目前已在9大主导产业142家企业应用	浙江大学CARD中国农业品牌研究中心
贵州毕节	乌蒙山宝 毕节珍好	乌蒙山宝 毕节珍好	毕节市农委，毕节珍好农特产品开发有限公司	2014年8月22日发布，目前在7大类农特产品79家企业应用	浙江大学CARD中国农业品牌研究中心
山东临沂	产自临沂	生态沂蒙大德务农	临沂市农产品产销协会，临沂市产自临沂品牌运营公司	2016年4月11日发布，目前在42个区域产业品牌160余家企业应用	杭州农本咨询

（续表）

地级市	品牌名称	品牌口号	产权主体及运作主体	创建情况	品牌策划设计机构
山东聊城	聊·胜一筹	放心吃吧聊城产的	聊城市农委	2016年4月19日发布，目前已在10个区域公用品牌及30家企业产品品牌使用	浙江大学CARD中国农业品牌研究中心

全域形象品牌在推进农业品牌化中具有重要作用，可采用"全域形象品牌+"品牌架构模式。在推进特色优势农产品品牌化方面，可在继承母子品牌架构的基础上发展为"全域形象品牌+区域产业品牌+企业产品品牌"三牌协同架构模式；在推进无区域产业公用品牌的产品及休闲农业等品牌化方面，可采用"全域形象品牌+企业产品或服务品牌"的母子品牌模式，支撑相关农业品牌的发展。通过"全域形象品牌+"品牌架构模式，实现了全区域、全产业、全链条的品牌化。

2.2　三牌协同架构模式中各品牌的作用及运作

"全域形象品牌+区域产业品牌+企业产品品牌"三牌协同架构模式，是对传统母子品牌架构模式的创新和发展。在模式运行中，应合理定位全域形象品牌、区域产业品牌、企业产品品牌的作用，达到相互促进、共同提升的效果。

全域形象品牌与区域产业品牌都是区域公用品牌，既有共同点，也有不同点（表2）。共同点是区域内共有的、统一的，能够为企业产品品牌做形象背书，不能单独作为产品商标使用，只能和企业产品商标共同使用；不同点在于，全域形象品牌具有引领作用，能够覆盖整个地域，可以在很大程度上代表地方形象；区域产业品牌主要作用是背书，只能覆盖本产业的部分区域，可促进地方形象提升。因此，对全域形象品牌与区域产业品牌进行区别是很有必要的，应该对这2种品牌进行合理的定位。区域整体形象品牌是作为引领,区域产业公用品牌作为背书,而企业产品品牌是最重要的主体,全域形象品牌和区域公用品牌,都是通过产品品牌来创造效益的,一切都应该为产品品牌来服务的。所以需要3种品牌相互促进、相互支撑。而现在面临一个问题是真正大的企业,它的产品在全国市场占有率已经比较高,它的产品品牌往往不需要公用品牌来背书。真正需要区域品牌背书的往往是那些小品牌,所以说3种品牌如何协同发展的问题是以后需要深入研究解决的问题。

表2 不同类型品牌形态、性质、作用等异同点

品牌类型	商标形式及产权性质	应用区域及地缘性	品牌形态及架构作用	品牌性质及产品类型	品牌化中的作用及建设主体
全域形象品牌	集体商标,公共性、模糊性	地级市及县(区)乃至省级全区域,地缘性强	综合性品牌,背书作用	全品类,全区域、全产业产品形象	引领作用,政府主导委托协会主办国有控股企业运作
区域产业品牌	地理标志商标,公共性、模糊性	某经济区域或县区单项产业,地缘性强	产业品牌,背书作用	单品,区域大众名品	支撑作用,行业协会主办
企业产品(服务)品牌	商品商标或服务商标,私有性、清晰性	本企业及其产品,地缘性不强	产品品牌,终端消费作用	多品类,小众精品	主体作用,企业主体

该模式适宜在地级市区域范围,便于运作,可较好发挥产地特色优势,有利于调动市、县区、企业积极性。市级层面负责全域形象品牌打造,引领市域农业品牌化发展;县级层面负责区域产业品牌打造,支撑全域形象品牌提升,背书企业产品品牌创建;企业作为品牌建设的主体,负责产品品牌创建,在全域形象品牌、区域产业品牌的引领背书下加快发展。

优化全域形象品牌、区域产业品牌等公用品牌的运营模式,

必须明确品牌产权主体及运作主体，政府、协会、企业通力协作，依法对品牌使用进行授权，加强监管和服务。在这方面，丽水山耕品牌创建的经验值得各地学习推广[13]。采取协会作为公用品牌的持有者，委托或者建立品牌运营公司运营，授权企业使用公用品牌的办法，符合当前实际情况，可大力推广。品牌运营公司可以是国有企业运营，也可以是民营企业运营，还可以组建国有控股合资公司运营，但政府部门或协会都要加强对运营公司的宏观管理，支持运营公司做大做强，确保全域形象品牌、区域产业品牌健康发展。

3　加快推进地级市全域农业品牌化的路径和策略

3.1　推广"1+3+N"全域全链一体化的农业品牌化推进体系

1就是一个模式，即"全域形象品牌+"模式。以全域形象品牌为引领，以区域产业品牌为支撑，以企业产品品牌为主体的"全域形象品牌+区域产业品牌+企业产品品牌"三牌协同架构模式。在非特色优势产业，推广"全域形象品牌+企业产品品牌或服务品牌"母子品牌模式。

3就是市级层面、县级层面、企业层面三个层面形成合力。市级层面负责全域形象品牌打造，引领全市农业品牌化发展；县级层面负责区域产业品牌打造，支撑全域形象品牌提升，背书企业产品品牌创建；企业作为品牌建设的主体，负责产品品牌创建，在全域形象品牌、区域产业品牌的引领背书下加快发展。

N就是建立健全N个保障机制和体系。如品牌运营与保护机制、品牌准入与退出机制、财政支持与金融保障机制，产品（服务）标准与质量追溯体系、整合传播与营销体系、产地贮存与冷链物流体系等。

3.2　实行协同联动、梯次推进

品牌是推进农业产业转型升级、供给侧结构性改革、新旧动能转换的最好的抓手，各级政府必须进一步提高对农业品牌化重要性的认识，加大对农业品牌战略的实施力度，真正做到市、县、乡三级联动，政府、协会、企业三方联动，切实解决上头热、下面凉，政府热、企业凉的问题，让基层政府、龙头企业进入到农业品牌化战略中来，从抓基地建设、农产品质量安全做起，培育龙头企业，加强宣传推介，打好产业化基础，循序渐进，梯次推进，制定切实可行的实施方案，采取有力措施认真抓好落实，积极稳妥推进农业品牌化进程。

3.3 搞好全域形象品牌的顶层设计

搞好顶层设计是价值提升的基础。"好客山东"做得非常好，在全国旅游行业树立了一个典范，主要就是顶层设计的好[14]。从农产品品牌价值构建来看，品牌价值的内涵主要有品种、品质、品位三个方面，外在表现集中体现在LOGO上，可以称之为农业品牌价值的"三品一标"[15]。要在创造差异化、挖掘文化价值、品质管控、诚信经营方面下功夫，讲好"哪里种的、怎么种的、谁来种的"农产品品牌故事；搞好全域形象品牌的LOGO设计、广告语确定、营销传播等，确保一经推出即能引起轰动。注意整合同一区域相同产品的区域产业品牌，避免小而散，形不成规模，组织有关协会和企业集中力量培育区域产业特色优势品牌，打造有影响力的知名农产品企业产品品牌，提升农产品品牌在国内外的美誉度、知名度。

3.4 抓好品牌农产品宣传营销

针对目前区域公用品牌多，但小而散的问题，缺乏统筹规划，碎片化广告宣传的问题，加强整合传播。借鉴"好客山东"的经验，采用"联合推介、集中宣传"这种方式，在媒体上捆绑打包集中宣传，搞好电视媒体、平面媒体、新媒体统筹协同宣传。重点做好本地的传播和外地主销城市的传播，传播与营销紧密结合起来。在品牌农产品的营销上，建立完善营销体系，实行线上线下统筹，大力发展新业态，做好专卖店、专柜，同城配送、会员制、电子商务等营销。同时，要规划建设全域形象品牌农产品社区连锁店，加强冷链保鲜等基础设施建设，搞好合理布局和管理，使之成为地方品牌农产品宣传推介的平台、仓储配送的平台、市场销售的平台。

3.5　强化科技创新的支撑作用

科技创新是农业品牌化的基本特征。大规模的应用现代农业科技成果是打造农产品知名品牌的动力和源泉。在农产品品牌化经营过程中，从种苗的培育到产品的生产，从农产品的加工、包装到销售，各个环节都需要相应的科技支持[16]。通过科技创新创造特色、提高品质、降低成本、树立诚信是提升农业企业品牌产品竞争力、价格竞争力、市场竞争力的有效途径。

实施农业品牌化，必须建立科技投入、科技人才、科技平台、科技信息、科技产品五位一体品牌科技创新支撑体系。立足特色优势产业，建立科技研发平台和质量安全追溯平台，加大农业品牌化科技创新的力度。加强特色品种资源的保护利用与新品种的培育，培育出既保留原有产品的优良特性，还能够在口感、营养等方面满足消费者与时俱进的需求的优良品种。加强农产品保鲜加工的研究，建立生鲜农产品物流保鲜技术体系，对传统农产品进行加工工艺改进注入现代元素，对初级农产品进行精深加工研究，开展主要农产品高值化加工与综合利用关键技术与示范，形成一批农产品价值提升的关键技术和特色产品，满足消费者多元化的需求，提高品牌农产品的附加值。加强农业标准化技术研究，制定特色农产品分等分级标准，提高农产品品质。加强农产品质量安全追溯技术研究，建立品牌透明的农产品质量安全追溯体系。

3.6　做大做强农业品牌创建主体

从各地情况看，目前从事农业品牌创建的龙头企业、合作社、家庭农场，多数经济实力都不是很强，真正能够在全国叫得响的企业产品品牌还很少。如何做大做强品牌建设主体是目前农业品牌建设中的关键问题。只有品牌建设主体做强了，产品品牌才能做强，市、县政府应出台行之有效的措施，加强指导服务，切实解决企业品牌创建过程中遇到的问题。

参考文献

［1］张玉香. 牢牢把握以品牌化助力现代农业的重要机遇期[J]. 农业经济问题，2014（5）：4-7.

［2］杨春柏. 农产品品牌化与农业产业升级的关系研究[J]. 农业经济，2012（11）：109-111.

［3］冯德连. 以品牌战略为抓手引领安徽农业供给侧改革[N]. 安徽日报，2017-03-17.

［4］胡晓云. "品牌"定义新论[J]. 品牌研究，2016（2）：26-32.

［5］崔茂森. 高端农产品区域品牌形成机制研究[C]. 2011年管理创新、信息技术与经济增长国际学术会议. 武汉：武汉大学，2011.

［6］胡晓云，程定军，李闯，等. 中国农产品区域公用品牌的价值评估研究[J]. 中国广告，2010（3）：126-132.

［7］林笑. 烟台苹果：在创新中蜕变[J]. 农经，2014（11）：44-47.

［8］杨强. 安吉白茶"母子商标"创品牌[N]. 中国知识产权报，2008-11-14.

［9］郑忠文. "母子商标"助力库尔勒香梨产业发展[N]. 中华商标，2013（11）：61-62.

［10］周绪元，苗鹏飞，卢勇，等. 临沂模式，成就优质沂蒙农产品[J]. 品牌农业与市场，2015（3）：16-19.

［11］汤少忠. "全域旅游"规划实践与思考[N]. 中国旅游报，2015-07-10.

［12］刘英，刘印河. "好客山东"实现华丽转身 从形象品牌走向产品品牌[N]. 大众日报，2014-05-19.

［13］郑秋锦，许安心，田建春. 农产品区域品牌战略研究[J]. 科技和产业，2007（11）：63-66.

［14］周绪元，王梁，苗鹏飞，等. 沂蒙特色农产品区域公用品牌构建模式与提升策略探讨[J]. 江西农业学报，2016（9）：107-111.

［15］焦伟伟，王军. 农产品品牌战略障碍性因素分析与对策探讨[J]. 农村经济，2005（9）：54-56.

［16］陈兢亚，杜文博. 全力打造农业版"浙江制造"[N]. 市场导报 2017-02-24.

发表于《江西农业学报》，2017年第11期

苍山蔬菜品牌建设现状与对策

周绪元　张永涛

（临沂市农业科学院，山东　临沂　276012）

兰陵县蔬菜种植面积7.3公顷，总产值达90亿元，"苍山蔬菜"享誉全国，形成了"20万人下江南、8万农民搞流通、5万台车跑运输"的流通格局。苍山蔬菜品牌形象是如何缔造的？品牌价值是如何"炼"成的？

山东省兰陵县（原苍山县）是我国著名的蔬菜产业大县，近几年在苍山蔬菜品牌建设方面进行了有益的探索，取得了较好的经验。笔者通过对苍山蔬菜品牌进行调研、剖析，在总结经验的基础上提出了发展对策与建议，以期为特色蔬菜品牌建设提供参考与借鉴。

1　苍山蔬菜产业和品牌发展现状

1.1　产业现状

1.1.1　蔬菜产业是兰陵县的支柱产业

兰陵县蔬菜种植面积近7.3万公顷（110万亩），已成为全国著名的蔬菜生产大县。全县有蔬菜加工企业365家，年加工贮藏能力100万吨，产品远销欧美、日本、韩国、东南亚等40多个国家和地区。先后建设32处蔬菜批发市场，年交易额过亿元的有12处。全县共有5万余台蔬菜运输车辆，配送全国20多个省、直辖市、自治

周绪元，男，研究员，主要从事蔬菜采后处理与品牌建设研究，E-mail：zxy6309@163.com

收稿日期：2018-12-03；接受日期：2019-01-08

区。2018年，全县蔬菜总产值达90亿元，蔬菜成为兰陵县支柱产业，全县人均收入的65%来自蔬菜产业，兰陵亦于2015年被中国蔬菜流通协会评选为"中国蔬菜之乡"。

1.1.2 蔬菜产业是兰陵县特色产业

兰陵县蔬菜栽培历史悠久，其中闻名中外的苍山大蒜已有1 900余年栽培历史。20世纪80年代初期，兰陵即开始发展设施蔬菜栽培，逐步扩大蔬菜种植面积，朝着"安全、优质、绿色、健康"的目标发展蔬菜产业。2012年，县委、县政府提出"蔬菜产业转型升级建设蔬菜产业强县"战略，将蔬菜这一传统产业的发展提到新的高度。2018年，全县设施蔬菜面积3.0万公顷（45万亩），产值40亿元，菜农纯收入24亿元；牛蒡0.3万公顷（4万亩），产值3.2亿元，纯收入1.92亿元；大蒜2.2万公顷（33万亩），产值26.4亿元，纯收入15.84亿元；食用菌投料2.25亿千克，产值6.75亿元，纯收入3.4亿元；牛蒡、白萝卜和大蒜等加工产品年出口创汇逾2亿美元。目前全县已经形成设施蔬菜、名产蔬菜、食用菌、加工出口蔬菜等特色产业集群。

兰陵县已引进推广蔬菜新优品种逾200个，形成规模化种植品种逾80个，其中大蒜、牛蒡、黄瓜、冬瓜、辣椒、马铃薯、茄子等20余种蔬菜畅销海内外，广受好评。同时，有100多项新技术在全县得到推广应用，极大地提升了苍山蔬菜的品质。基于此，品种全、品质优的苍山蔬菜广受市场好评。提到兰陵县，人们首先想到的是苍山蔬菜。

1.1.3 蔬菜产业是兰陵县的全民产业

围绕苍山蔬菜产业而生计的百姓，覆盖全县17个乡镇，形成了近30万人的流通大军，仅在上海便有12万苍山人从事蔬菜经营。兰陵南部乡镇的蔬菜基地，更是每天有5 000余人来往于上海、南京、杭州等地。全县已形成"20万人下江南、8万农民搞流通、5万台车跑运输"的流通格局。经过30余年发展，苍山蔬菜逐渐走出一条"苍山人种、苍山人购、苍山人运、苍山人销"的全民产业化经营道路。

1.2　蔬菜品牌现状

1.2.1　特色蔬菜区域产业品牌具有较强影响力

苍山大蒜、苍山牛蒡、苍山辣椒等特色蔬菜获得国家地理标志农产品登记或商标注册。"苍山大蒜"获得首批山东省知名农产品区域公用品牌。在2018年中国品牌建设促进会价值评价中，苍山大蒜品牌价值位列区域品牌（地理标志产品）第13位，蔬菜类品牌第一位。

1.2.2　苍山蔬菜区域公用品牌已开始规范化建设

2015年兰陵县委托浙江大学CARD中国农业品牌研究中心对苍山蔬菜区域公用品牌进行了策划，并于2016年获得苍山蔬菜集体商标注册，开始了"苍山蔬菜"品牌建设，近年来多次在国家级的农展会（成都、上海、北京）获得了多个金奖和银奖，同时"苍山蔬菜"品牌在长三角、珠三角等深受消费者欢迎。

1.2.3　培育了一批企业产品品牌

兰陵县"三品一标"认证共计301个，其中地理标志3个、有机食品11个、绿色食品273个、无公害食品14个。全县蔬菜专业合作社、加工企业共注册蔬菜产品品牌860个，"鸿强种苗"等获得山东省知名农产品企业产品品牌；"九合""垦星"获得山东省著名商标，培育了较有影响的凯华、糖稀湖、南菜园、康利、金瑞、家瑞福、佰盟、昊东、平阳、双营、蒡之道等蔬菜品牌。

2　苍山蔬菜品牌建设的具体做法

2.1　注重整体品牌形象引领

通过挖掘核心价值、创意品牌符号，缔造优势品牌，打造苍山蔬菜品牌形象。苍山蔬菜品牌定位为安全放心蔬菜，符合绿色发展理念，为此策划其认知符号为："苍山蔬菜，绿色的！"，并提炼出苍山蔬菜的五大绿色保障。苍山蔬菜的品牌核心符号（图1）：以书法笔触勾勒出辣椒、大蒜、茄子、菌菇、丝瓜、大葱、番茄、牛蒡等苍山蔬菜主要品种的形象，巧妙构成"苍山"的拼音"cangshan"，表现产品为蔬菜的产品属性，传递来自"中国蔬菜之乡"的产地属性，同时彰显兰陵这一华夏古县的文化底蕴。

图1　苍山蔬菜品牌LOGO

兰陵县政府注重发挥苍山蔬菜品牌引领作用，在对外宣传、招商引资及各类博览会等进行宣传推介，在县城、蔬菜重点生产区域设置了很多广告牌、彩条等，营造了浓厚的品牌舆论氛围。县政府还制定了《关于"苍山蔬菜"区域品牌管理办法》《关于"苍山蔬菜"区域品牌使用实施细则》。目前已有10家蔬菜企业按照要求使用"苍山蔬菜"标志，以苍山蔬菜品牌引领兰陵县蔬菜产业发展。

2.2　注重发挥企业合作社主体作用

兰陵县一直重视强化龙头企业、专业合作社在苍山蔬菜品牌建设中的主体地位，目前全县规模以上农业产业化龙头企业有163家左右，其中包括省级重点龙头企业6家、市级重点龙头企业64家，先后开发了大蒜、牛蒡等深加工产品。同时，依托农民合作社发展农业品牌，全县已有150余家合作社注册了自己的产品品牌，这些品牌已成为合作社产品走向市场、发展壮大的有力支撑。同时加大财政支持的力度，加强涉农资金整合用于蔬菜产业发展的力度，支持蔬菜品牌建设。自2012年来，兰陵县以财政支持为抓手，以奖补或建设基地公共设施等投入1亿多元，打造出21个省级标准基地、60个市县级标准基地，标准化规模化基地面积达到4.5万公顷（67万亩）。如鸿强蔬菜专业合作社，2016年政府扶持400万元，企业自筹600万元建设了目前鲁南最大的蔬菜种苗基地，年育苗规模达到6 000万株，成为全省知名农产品品牌。整合现代农业产业发展、公益农产品市场、一二三产业融合、农业综合开发等项目资金，重点打造了新天地、凯华、家瑞福等蔬菜品牌。

2.3　注重打好蔬菜质量安全基础

一是强化蔬菜品质管控技术应用。为保障苍山蔬菜高质量发展，近年来全县大力推广应用集约化育苗技术、土壤改良技术、"药肥双减"技术、水肥一体化技术以及农业物联网技术等100余项，推广蔬菜良种60多个，全县良种推广率达到98%以上，执行各类标准139项，农业科技对菜农增收的贡献率提升到60%。

二是重视蔬菜质量安全监管。兰陵县委、县政府对苍山蔬菜的质量安全格外重视。由县领导亲自挂帅成立全县农产品质量监管小组，并成立了县农产品质量安全监管办公室，归县政府直接管理。同时，2012年县政府投资600余万元（目前已累计投资2 000余万元）建设农副产品质量监督检测中心，乡镇建设了检测站，并在主要蔬菜种植基地、批发市场、龙头企业建立检测点，对蔬菜质量进行定期检测及不定期抽检。全县已形成县、乡、基地三级全方位蔬菜质量安全监控体系。目前兰陵县质检中心已获得省级资质认证；投资500万元，县、乡镇、基地（合作社）三级农产品监管平台已经运行；全县1 024个村，每个村配备了1名农产品质量监管员，负责本村农产品的监管工作，特别是对投入品的监管，并将监管员的补助经费纳入市、县财政公共预算；同时基地园区内实行了社员自治联户担保，实行相互监督、相互牵连、相互限制，共同维护产品的质量。在近几年全国、全省、全市例行监测和监督抽查中，未发现农残超标样品。

2.4 注重利用兰陵菜博会及各种媒体进行宣传推介

兰陵县把宣传推介作为培育苍山蔬菜品牌的重要手段。一是坚持每年举办一届兰陵（苍山）蔬菜产业博览会。自2013年以来举办了6届菜博会，博览会以"绿色、科技、融合、共享"为主题，集商贸洽谈、科技推广、前沿展示、理论研讨、文化交流等多种功能于一体，旨在为兰陵蔬菜产业向更高水平发展提供载体和平台，扩大对外交流，加快蔬菜三产融合，促进全产业链各环节效益的提高，提升了苍山蔬菜品牌的知名度和美誉度，引导苍山蔬菜实现规模化、品牌化生产。二是积极组织参加国内各种农产品博览会、交易会，强化苍山蔬菜品牌的宣传，提升品牌知名度。先后组织相关企业、合作社参加了中国（青岛）国际农产品交易会、食博会、农交会、上海绿博会等一系列全国性的大型农展会，对提升苍山蔬菜品牌的知名度、市场占有率及开拓新兴市场都起到了很好的成效。16个蔬菜产品被国家指定上海世博会直供产品。与此同时，组织引导品牌农产品企业在全国大中城市建立销售网点，已设立专销柜、专销店逾200个。2014年在北京农展馆精品馆设立了"天下菜园美丽兰陵"展区，展期为2年。三是通过广播、电视等新闻媒体和农业信息网、中国蔬菜产业网、企信通等网络平台宣传蔬菜产品品牌，扩大品牌影响力。2014年在山东广播电台制作2期"苍山大蒜""苍山牛蒡"专题直播；2013年在中央7套连续2个月"华夏菜园美丽苍山"10秒广告，在山东农科频道、临沂农科频道播放了蔬菜产业专题片。2015年5月13日上午，"天下蔬菜看兰陵"全国媒体聚焦蔬菜产业"苍山现象"采风活动在兰陵县启动，来自新华社、人民网、光明日报等近30家中央、省、市级媒体的记者在兰陵县进行了两天的采访报道。这些宣传活动对提升"苍山蔬菜"品牌知名度发挥了很好的作用。

2.5 注重借助运销优势开拓市场

多年来，兰陵县"20万人闯市场、8万农民搞流通、5万台车跑运输、车轮滚滚下江南",形成了"买全国、卖全国""渠通四海、菜销天下"的局面。兰陵蔬菜销往全国各地,在南方市场的占有率非常高,尤其是上海,占有率达到6成以上。巩固南方市场,开拓北方市场是近年来苍山蔬菜品牌的营销战略。围绕这一战略实施,县里在沪、苏、浙、粤等省建立了兰陵商会及运销联盟,对内抱团发展,对外开拓市场;在北京等地采取举办招商会、老乡会等形式,以北京新发地农产品批发市场为核心向周边的天津等大城市推进。从全国蔬菜标准化高峰论坛的有关数据看,苍山蔬菜在北京的市场占有率在逐年提升,目前已达到10%以上。

2.6 注重一二三产业融合发展

兰陵县一致致力苍山蔬菜全产业链建设,在抓好蔬菜种植的同时,注重蔬菜加工、运销、休闲观光产业。全县发展蔬菜储藏加工企业近500家,其中出口加工企业41家,研发生产了牛蒡、大蒜、辣椒、食用菌等系列深加工产品,出口创汇2亿美元;大力发展精菜加工配送,直接将蔬菜配送到全国20多个省、直辖市、自治区的超市、机场、学校、酒店、高速公路服务区等,实现了"精菜入市、净菜进厨",目前配送品种逾2 000个。现有各类蔬菜批发市场50多家,物流企业100余家,从事蔬菜运销及相关产业的超过30万人。近几年来,兰陵县积极实施一二三产业融合试点工作,目前家瑞合作社实施了山东省农业产业一二三产业融合项目试点、代村实施绿色食品一二三产业融合试点,2018年兰陵县被确定为全国农村一二三产业融合发展先导区创建县。兰陵国家农业公园作为全国首个国家农业公园于2013年开园,后被农业农村部评为"全国休闲农业与乡村旅游五星级园区",被国家旅游局评为国家4A级旅游景区,现已累计完成投资7.9亿元,建有大型农展馆、锦绣兰陵、兰香东方、华夏菜园、沂蒙山农耕博物馆、雨林王国等休闲游乐项目。山东省省委书记刘家义来临沂视察,对兰陵国家农业公园给予了肯定。

3 苍山蔬菜品牌建设存在的问题

3.1 部分生产经营主体缺乏品牌思维

在蔬菜产业发展中,对蔬菜新品种、新技术应用比较重视,对提高产量、品质方面比较关注,但销售产品没有品牌意识,未按标准化分级的初级产品占80%左右,净菜加工及深加工占比更显不足,产品附加值较低。

3.2 产业品牌影响力大,产品品牌影响力小

苍山蔬菜产业规模庞大,苍山大蒜等品牌知名度很高,但缺乏有影响力的蔬菜企业产品大品牌。虽然策划设计了苍山蔬菜品牌形象,但目前品牌落地还存在一些问题,品牌作用发挥不够,品牌保护机制还没建立起来,缺乏在国内外市场上家喻户晓、知名度高、影响大的产品品牌来支撑。

3.3 未形成品牌溢价

苍山蔬菜品质优异,但与此相符的价值却未得到释放,主要表现为以下几方面:蔬菜价格受市场行情波动幅度较大,尚无定价权;价格相比竞争者无优势,例如寿光生产的辣椒价格远高于苍山生产的辣椒;由于缺乏品牌战略整合引导,苍山蔬菜尚未能溢价,巨大价值尚未释放。

3.4 蔬菜产品还不适应品牌营销的要求

当前兰陵蔬菜种植品种相对单一,仍是以带刺黄瓜、苏椒等类型的品种为主。蔬菜龙头企业只是简单加工,企业规模小,技术水平低,主要还是初级产品、通货、大包装,直接运送到外地市场,未进行净菜加工、精深加工和品牌包装,加之蔬菜销售网络主要是以农民为主体的贩卖大军,流通规模小、层次低,苍山蔬菜难进高端市场。

4　苍山蔬菜品牌建设的对策建议

4.1　优化苍山蔬菜品牌建设模式

　　根据兰陵县生产实际，借鉴国内外成功经验，在品牌运营上，建议采取成立兰陵县苍山蔬菜品牌协会，县政府委托该协会作为苍山蔬菜公用品牌的持有者，建立品牌运营公司进行运营，授权企业使用公用品牌的办法。品牌运营公司可以是国有企业，也可以是民营企业，还可以组建国有控股合资公司运营，但政府部门或协会都要加强对运营公司的宏观管理，支持运营公司做大做强，确保苍山蔬菜品牌健康发展。

　　在品牌架构上，建议推广"苍山蔬菜+"模式。有特色产业地理标志品牌的如苍山大蒜、苍山牛蒡、苍山辣椒等，采用"苍山蔬菜+特色产业地理标志品牌+企业产品品牌"模式；没有特色产业地理标志品牌的如黄瓜、茄子等，采用"苍山蔬菜+企业产品品牌"模式。

4.2　建立苍山蔬菜品牌生态体系

　　做大做强苍山蔬菜品牌，必须创造良好的品牌生态体系。重点建设好品牌运营与保护体系、质量标准与认证体系、产品（服务）标准与质量追溯体系、财政支持与金融保障体系、整合传播与营销体系、产地贮存与冷链物流体系、科技创新体系、便利店经营体系等，确保产品质量优良，基础设施健全、服务体系完善、市场营销顺畅。

4.3　讲好苍山蔬菜品牌故事

　　进一步挖掘苍山蔬菜的区域文化、产品文化、历史文化、饮食文化、民俗文化等，讲好苍山蔬菜品牌故事。重点讲好哪里种的（当地的生态环境、历史文化、风土人情等）、怎么种的（生产过程、新品种、新技术、新工艺等）、谁来种的（种植人的经历、为人处世的态度、品格等）、谁来用的（产品档次、消费群体、文化寓意等），提升苍山蔬菜文化品位，满足广大消费者的心智需求。

4.4 做好苍山蔬菜整合传播

借鉴"好客山东"的经验，采用"联合推介、集中宣传"方式，在媒体上捆绑打包集中宣传，电视媒体、平面媒体、新媒体统筹协同宣传。重点做好本地的传播和外地主销城市的传播，传播与营销紧密结合起来。建立完善苍山蔬菜营销体系，实行线上线下统筹，大力发展新业态，做好专卖店、专柜，同城配送，会员制、电子商务等营销。同时，要规划建设苍山蔬菜品牌产品社区连锁店，加强冷链保鲜等基础设施建设，合理布局和管理，使之成为品牌产品宣传推介的平台、仓储配送的平台、市场销售的平台。

4.5 强化苍山蔬菜科技创新

提升苍山蔬菜品牌竞争力必须加大科技创新力度。加强苍山蔬菜从种苗的培育到产品的生产，从产品的加工、包装到销售全产业链的科技创新。通过科技创新创造特色、提高品质、降低成本、树立诚信，提升品牌产品竞争力、价格竞争力、市场竞争力。重点抓好特色、高品质、特种用途等新品种创新；加工产品、营养组合产品等新产品创新；栽培技术、品质追溯技术等新技术创新；新设备、新方法、新流程等新工艺创新；品控模式、营销模式等新模式创新；电子商务、三产融合等新业态创新。

发表于《中国蔬菜》，2019年第3期

临沂市蔬菜区域公用品牌创建与价值提升的思考

周绪元

（临沂市农业科学院，山东　临沂　276012）

2010年以来，临沂市针对蔬菜产业规模庞大、品牌建设明显滞后的实际，围绕如何把特色优势蔬菜产品创建成有影响力的蔬菜区域公用品牌，作为蔬菜产业发展的重大战略问题进行了探索实践，取得了一定成效。

1　蔬菜区域公用品牌创建现状

近年来临沂市蔬菜种植面积一直稳定在230万亩左右，总产量750万吨左右，年产值150亿元。蔬菜产业已成为特色优势产业和农民增收致富的支柱产业。近几年来，我们重视优质蔬菜基地建设和品牌创建，明显提升了蔬菜质量和效益，促进了蔬菜产业转型升级。目前全市蔬菜注册产品商标达到500余个，有5个蔬菜产品商标被评为山东省著名商标。全市已创建蔬菜区域公用品牌16个，其中农业部地理标志农产品保护登记11个，国家商标局地理标志商标5个，国家质检总局地理标志保护产品1个，集体商标2个。品牌价值5亿元以上的7个，其中10亿元以上3个、20亿元以上2个。具体情况见表1。

表1　临沂市蔬菜区域公用品牌创建情况汇总表

创建主体	品牌名称	品牌类型	2014年品牌评估价值（亿元）
兰陵县蔬菜产业发展办公室（原苍山县蔬菜发展管理局）	苍山大蒜	地理标志农产品 地理标志商标 地理标志保护产品	47.19

沂蒙农业品牌建设 新 成 就

（续表）

创建主体	品牌名称	品牌类型	2014年品牌评估价值（亿元）
沂南县孔明蔬菜标准化生产协会	沂南黄瓜	地理标志农产品 地理标志商标	23.79
兰陵县平阳蔬菜产销专业合作社	苍山辣椒	地理标志农产品	11.61
临沂市有机农产品协会	蒙山沂水	集体商标	9.69
兰陵县利泉牛蒡专业合作社	苍山牛蒡	地理标志农产品	8.33
莒南县农学会	大店草莓	地理标志农产品	6.47
郯城县港上镇草莓协会	郯香港上草莓	地理标志商标	5.14
费县胡阳镇农技站	胡阳西红柿	地理标志农产品	2.06
沂水永强蔬菜专业合作社	沂水生姜	地理标志农产品	1.98
临沂市兰山区绿农瓜菜种植协会	方城西瓜	地理标志商标	0.94
沂南县盛华西瓜种植专业合作社	双堠西瓜	地理标志农产品	0.26
临沂市罗庄区册山沙沟芋头协会	沙沟芋头	地理标志商标	0.04
临沂市兰山区文德孝河白莲藕种植农民专业合作社	孝河藕	地理标志农产品	
临沂市河东区玉湖莲藕种植专业合作社	八湖莲藕	地理标志农产品	
沂水跋山蔬菜产销专业合作社	跋山芹菜	地理标志农产品	
苍山县蔬菜产业协会	苍山蔬菜	集体商标	

注：2014年品牌评估价值系浙江大学CARD中国农业品牌研究中心发布的中国农产品区域公用品牌评价结果

当前临沂市蔬菜品牌建设还存在一些问题：一是缺乏品牌思维。在蔬菜产业发展中，对蔬菜新品种、新技术应用比较重视，对提高产量、品质方面比较关注，但销售产品都是未分级的初级产品，没有经过净菜加工、分级包装，更没有深加工，产品附加值较低。二是大产业、小品牌问题突出。蔬菜品牌建设还缺乏统一的规划，区域品牌保护机制还没建立起来，缺乏在国内外市场上家喻户晓、知名度高、影响大的品牌。三是创建主体能力不强。目前全市蔬菜区域公用品牌创建主体，缺少经济实力；加之从事蔬菜产业的企业都是中小企业，产品品牌多小杂，区域公用品牌缺乏强势的产品品牌支撑。

2　蔬菜区域公用品牌内涵的构建

2.1　开发特色品种资源

分别不同情况，分类指导，加大特色蔬菜产品资源开发利用。对苍山大蒜、苍山蔬菜等带有区域集散性的特色优势蔬菜产品，要加大扶持力度，把产业做大做强，把产品做精做细，使其充分发挥引领辐射市场的作用；对沂南黄瓜、苍山牛蒡等已具有一定规模性和知名度的特色蔬菜产品，要加强品种选育，强化特质，扩大宣传，将其培育成特色名品；对孝河藕、沙沟芋头等历史传统产品，要深入开发，扩大规模，提高产品附加值。

2.2　培育产品优良品质

临沂市坚持以基地建设为载体，通过大力推进以经营规模化、生产标准化。临沂市先后制定了优质蔬菜基地建设标准、优质蔬菜产业园区建设标准，强力推进蔬菜基地园区创建。积极开展蔬菜技术规程制定，加大无公害农产品、绿色食品、有机农产品和地理标志农产品认证，目前认证蔬菜产品已达400余种。临沂市蔬菜产品质量安全例行监测合格率一直稳定在98%以上，均高于全国、全省平均水平。

2.3　创意策划文化品位

临沂市素称沂蒙。"沂蒙"是一个具有独特地理地貌特点和文化传承特征的地域概念。特别是随着"大美临沂"建设和《沂蒙六姐妹》《沂蒙》《蒙山沂水》等红色影视剧的公映热播，红色文化享誉全国。临沂市在蔬菜区域公用品牌创建中，充分运用了沂蒙红色文化、历史文化、生态文化优势，依托良好的内在质量、丰富的文化元素、日益增强的品牌影响力和市场美誉度，深入挖掘每个品牌的文化资源，进行创意策划，全力打造具有沂蒙特色的蔬菜区域公用品牌。兰陵县政府聘请浙江大学中国农业品牌研究中心对苍山蔬菜品牌策划了"苍山蔬菜，绿色的"核心价值主张；兰山区挖掘"王祥卧冰求鲤"的孝文化打造孝河藕品牌，临沂市有机农产品协会充分利用沂蒙红色文化打造"蒙山沂水"品牌，苍山牛蒡则突出了养生文化。文化元素的注入，显著增强了品牌影响力。

2.4 强化产品品牌支撑

临沂市在蔬菜区域公用品牌培育中，注重企业产品品牌与区域公用品牌的相互支撑、相互促进作用，采取母子品牌的架构，将区域公用品牌作为母品牌，企业产品品牌作为子品牌，共同打造提升。每个区域公用农产品品牌，重点培育2~3个在国内同类产品中质量处于领先地位、市场占有率和知名度居行业前列、消费者满意程度高、经济效益好、有较强市场竞争力的企业产品旗舰品牌，支撑一批强势的农产品区域公用品牌。如胡阳西红柿是近年来费县胡阳镇发展起来的优势产业，积极培植费县金阳西红柿种植合作社胡阳喜事、鑫鑫西红柿种植合作社红沂蒙两个产品品牌，建成了"山东省一村一品西红柿示范镇"，胡阳西红柿远销上海、北京、黑龙江以及俄罗斯等地，品牌知名度大大提高。

3 蔬菜区域公用品牌价值提升的路径及措施

区域公用品牌价值由品牌收益、品牌强度乘数、品牌忠诚度因子等要素构成，其中最为密切的是品牌产品销量与附加值、品牌资源与保护、品牌质量及传播三个方面。因此提升品牌价值，必须针对上述三个方面采取措施，加大区域公用品牌培育的力度。

3.1　政府重视扶持

各级政府应将蔬菜品牌建设作为蔬菜产业提升的重要举措，制定优惠政策，加大资金扶持，制定品牌建设规划，强化品牌整合，搞好配套服务。政府是区域公用品牌的管理主体，要履行好制定公共政策、保护知识产权及区域营销方面的职能，保护好区域公用品牌的市场形象，增强特色蔬菜产品的市场竞争力。

3.2　培育建设主体

龙头企业是蔬菜产品品牌建设主体和关键，全市各类蔬菜加工企业达到700余家，年综合保鲜加工能力150万吨，但缺少国家级龙头企业。要扶持龙头企业扩大规模，增强实力，发展蔬菜加工，增加产品附加值，为蔬菜产品品牌建设提供有力支撑。同时，要充分发挥蔬菜行业协会作用，搞好蔬菜区域公用品牌建设。

3.3　搞好品牌整合

增强蔬菜企业的品牌意识，强化品牌创建合作、共同参与竞争的意识，加强基地建设，重视经营管理，加强产品研发。特别要在培育特色产品、开发加工产品上下功夫，在不断提高蔬菜产品质量、健全完善质量追溯体系，在深入挖掘历史文化内涵、加强文化创意提升品牌价值上下功夫。可采取区域公用品牌+企业产品品牌的方式进行营销，靠特色的产品、过硬的质量、知名的品牌来开拓市场，提高市场占有率，培育在国内外市场叫得响的名牌蔬菜产品。

3.4　建立营销体系

实现品牌蔬菜产品优质优价，关键在于市场开拓。临沂市大力推广兰陵县实施优质蔬菜进大都市、进大超市、进世博会"三进"工程的经验，坚持多主体、多渠道、多形式建设市场，大力开拓高端市场，实现"小生产"与"大市场"的有机融合。重视品牌蔬菜产品的销售渠道建设，丰富渠道结构模式，确保渠道顺畅。要在抓好传统营销渠道的同时，积极开拓超市销售、单位直销等。建立品牌蔬菜营销网络，做好预冷、分级、包装、冷链运输、质量追溯、售后服务等。大力发展品牌蔬菜电子商务，搞好同城配送等。

3.5 广泛宣传推介

利用广播电视、报刊、网络等媒体加大宣传力度，采取举办节会等形式强化宣传，利用各级举办的交易会、博览会及到主销城市举办推介会等形式扩大品牌产品影响，提升品牌蔬菜产品的形象。

发表于《中国蔬菜》（山东专刊），2015年第3期

推进全域农业品牌化　助力沂蒙乡村产业振兴

临沂市农业科学院党委书记　周绪元

党的十九大提出了"实施乡村振兴战略"，"按照产业兴旺、生态宜居、乡风文明、治理有效、生活富裕的总要求，建立健全城乡融合发展体制机制和政策体系，加快推进农业农村现代化。"农产品品牌化是农产品特色化、标准化、科技化的过程，是产业振兴的基础，产业兴则乡村兴。只有产业振兴了，才能增加乡村的吸引力，促进各类先进要素进入乡村，从而形成良性循环，最终实现全面振兴。临沂市地处沂蒙山区，是个农业大市，农业品牌化基础较好，创造了农业品牌建设的临沂模式。在乡村振兴的大背景下，如何发挥全域农业品牌化的引领作用加快沂蒙乡村产业振兴步伐，意义重大。

1 推进农业品牌化是乡村振兴的重要抓手

1.1 推进农业品牌化，引领产业质量效益升级

推进农业品牌化，整合区域品牌农产品标准，保证区域内各主体标准统一，充分利用先进科技，大力推行产地标识管理、产品条码制度，做到质量有标准，过程有规范，销售有标志，市场有检测，确保农产品的质量安全。企业、合作社通过创品牌，可以倒逼产品质量安全水平提升。

推进农业品牌化，以市场为导向，以满足多样化、优质化消费为目标，引导土地、资金、技术、劳动力等生产要素向品牌产品优化配置，有利于推进资源优势向质量优势和效益优势转变，有利于推进农业结构调整和优化升级。

推进农业品牌化，可优化资源降低农业企业产品推介成本，

农业企业用品牌将农业企业和产品信息"打包"呈现给消费者，就能达到事半功倍和提高市场竞争力的效果。农业品牌化具有促进地方经济和政府实现农业管理目标的功能。地方经济的发展和政府对农业的管理目标是保障消费者健康、农民增收、提高农业整体发展水平。

1.2 推进农业品牌化，促进一二三产业融合

农业品牌化是促进一二三产业的融合发展的重要路径，既解决了生鲜农产品打造品牌难的问题，又延长了产业链，能够有力地促进农业农村经济的发展，给农民带来巨大的经济效益。

加快农业结构调整、促进农业产业链的延伸、开发农业的多种功能、大力发展农业新型业态等方式，加快建立现代农业的产业体系。一是加快农业结构调整，推进农业的内部融合。二是促进农业产业链的延伸。加快农业由生产环节向产前、产后延伸，健全现代农产品市场体系，创新农产品流通和销售模式，加快推进市场流通体系与储运加工布局的有机衔接，增强对农民增收增效的带动能力。三是积极开发农业多种功能，顺应人们生活水平不断提高，推进农业与旅游、教育、文化与产业的深度融合，实现农业从单纯的生产向生态、生活功能的拓展，大力发展休闲农业、创意农业、农耕体验等产业。四是发展农业的新型业态，实施互联网+现代农业，大力发展农产品电子商务，完善配送及综合服务网络，推动科技、人文等元素融入农业。积极探索农产品个性化的定制服务、会展农业、农业众筹等新兴业态，加快农业品牌化的发展。兰陵国家农业公园以蔬菜产业为主线，通过科技展示、创意农业、农耕文化、休闲娱乐等，实现了一二三产业的高度融合，成为全国绿色食品一二三产业融合的样板。

1.3 推进农业品牌化，提升区域形象影响力

地方特色农产品体现了独特的自然资源、民俗文化、历史典故、品质特色等。农产品全域形象品牌或者地方特产区域公用品

牌，体现了一个地方农产品在国内外的整体形象和认知水平。塑造农产品地方品牌，能够有效提高农业企业提供优质安全产品的自觉性和积极性。通过农业品牌化的推进，能够带动区域经济整体启动，有力地促进地方经济的发展，同时也大大提升了地方形象。以临沂市为例，农业品牌化的实施，叫响了"生态沂蒙山　优质农产品"，培育了"蒙阴蜜桃""苍山蔬菜""莒南花生""平邑金银花"等主导产业，从而提高当地企业和农民的收入水平，促进当地经济的发展，提高了城市知名度。

2　实施"1+3+N"品牌建设体系是加快推进全域农业品牌化的有效路径

临沂市农业品牌化，目前已完成奠定农业品牌基础发展阶段、特色优势农产品品牌发展阶段，进入了全域农业品牌化发展阶段。该阶段通过创建全域形象品牌，引领区域产业品牌、企业产品品牌发展，做大做强品牌农业，培育一批知名农产品品牌，实现一二三产业融合发展，实现全域农业品牌化。经过近两年的实践探索，采用"1+3+N"农业品牌建设体系，是地级市层面加快推进全域农业品牌化的有效路径。

所谓"1+3+N"品牌建设体系，具体为：1就是"产自临沂+"模式。以"产自临沂"全域形象品牌为引领，以区域产业品牌为支撑，以企业产品品牌为主体的"全域形象品牌+区域产业品牌+企业产品品牌"三牌协同架构模式。3就是市级层面、县级层面、企业层面三个层面形成合力。市级层面负责全域形象品牌打造，引领全市农业品牌化发展；县级层面负责区域产业品牌打造，支撑全域形象品牌提升，背书企业产品品牌创建；企业作为品牌建设的主体，负责产品品牌创建，在全域形象品牌、区域产业品牌的引领背书下加快发展。N就是建立健全N个保障机制和体系。如品牌运营与保护机制、质量标准与认证体系、产品（服务）标准与质量追溯体系、财政支持与金融保障机制，整合传播与营销体系、产地贮存与冷链物流体系、科技创新体系、便利店经营体系等。

3 建立健全"产自临沂"全域形象品牌发展的体制机制，加快推进全域农业品牌化

借鉴浙江丽水市"丽水山耕"、贵州省毕节市"毕节珍好"全域品牌打造的经验，结合临沂的实际，"产自临沂"全域形象品牌发展应重点在以下几个方面发力。

3.1 完善"产自临沂"品牌培育与保护机制

充分发挥市优质农产品产销协会的作用，建立和提升"产自临沂"品牌培育主体，建设以政府、运营中心和产业协会为主体的管理机制，使"产自临沂"既体现了政府背书的权威性，又有行业的约束性，同时不失市场主体的灵活性。提高"产自临沂"品牌管理水平。建立并完善"产自临沂"品牌规范使用制度。充分运用商标使用协议、统一包装物、质量保证金、实地质量抽查等手段，对商标运用进行全过程规范。壮大"产自临沂"子品牌培育库，实施"产自临沂"子品牌培育工程，促进"产自临沂"品牌与区域产业品牌、企业产品品牌同步发展。

加强"产自临沂"品牌注册保护，积极争创临沂市著名商标、山东省著名商标、全国驰名商标。加大"产自临沂"品牌保护力度，建立完善企业自我保护、政府依法监管、市场监督和司法维权保障"四位一体"的品牌保护体系。

3.2 提升"产自临沂"农产品质量安全保障体系

建立农产品品牌准入体系。根据"产自临沂"品牌标准，明确准入范围和条件，以快速检测与定量检测相结合，把好品牌准入关。

建立农产品品牌准出体系。依托互联网技术，以农产品质量

安全追溯体系、食品安全溯源体系数据为支撑，实现品牌农产品"从田头到餐桌"的全程可追溯，把好品牌准出关。

建立产品质量督查体系。在当前委托第三方机构进行质量检测的基础上，落实"产自临沂"品牌企业食品安全主体责任，开展企业自查报告制度。以"产自临沂"商标管理实施细则、品牌授权使用协议、产品质量安全保证金等制度推进"产自临沂"品牌诚信体系建设。建立健全产品安全风险分析制度，综合分析利用监督检查、产品检测情况数据，做好"产自临沂"产品舆情监测，及时发现消除潜在安全隐患。

3.3　构建"产自临沂"质量标准和认证体系

实施"产自临沂"标准提升工程，逐步形成"产自临沂"标准体系。统一规范"产自临沂"在生长环境、种（养）殖环节、生产加工、贮运操作、文化内涵、销售方式六大方面的基本要求。按照"国内领先，国际先进"的要求，积极构建覆盖全类别、全产业链的"产自临沂"产品标准体系和覆盖生产经营全过程的"产自临沂"管理标准体系。

创新"产自临沂"认证模式。按照"企业申报+第三方认证+政府监管"的思路，建立"产自临沂"认证模式。强化认证市场监管特别是对"产自临沂"认证后的监管，确保"产自临沂"认证的权威性和有效性。

3.4　优化"产自临沂"品牌营销体系

多渠道推广。加强"产自临沂"全媒体宣传推广，采取传统媒体与新媒体结合，开展特色农事活动农旅结合跨界推广，并利用现有的以及即将铺设的销售渠道开展精准营销。

文化带动推广。以传统农耕文化为基础，以创意为辅助，在宣传文化的过程中，开展品牌宣传，提高产品附加值，提升品牌文化底蕴。

政府助力推广。政府加大扶持力度，安排落实必要的资金、人员和载体，多渠道、多层次、多形式开展品牌的推广与宣传，使政府、部门和企业形成合力，推动品牌全面发展。

3.5 深化"产自临沂"金融保障体系

深化供应链金融。探索农村产权改革，以商标权质押、股权抵押、土地入股、农业信托等模式，注入农村金融强大活力。选择资质良好的农业上下游企业作为银行的融资对象，为供应链上的所有成员企业提供系统融资。

优化资源配置。以信息流带动技术流、资金流、人才流、物资流，促进资源配置优化，提高农业生产智能化、经营网络化水平，实现农业生产产量和质量的双提高，有效盘活低效土地。

转化农业基金成果。谋划组建股权投资基金，通过产—学—研内容转化，促进"产自临沂"农业科技项目落地、孵化、培育及上市，提升农业企业科技能力、运营能力、盈利能力，夯实现代农业基础，提高农业质量效益和竞争力。

3.6 夯实"产自临沂"科技创新体系

建立科技投入、科技人才、科技平台、科技信息、科技产品五位一体品牌科技创新支撑体系。加快建设品牌公共服务平台，实现"物联网+农业"体系的顶层设计和共建共享。"产自临沂"大数据涵盖农业产前产中产后各个环节，为农业经营者传播先进的农业科学技术知识、生产管理信息以及农业科技咨询服务，引导龙头企业、农业专业合作社和农户经营好农业生产系统与营销活动，打通农业产业链，提高农业生产管理决策水平，增强市场抗风险能力，做好节本增效、提高收益。同时，运用云计算、大数据等技术推进农业管理数字化和现代化，为政府治理农业提供大数据支撑，促进农业管理高效透明化，提高农业部门的行政效能。

建立健全品牌科技成果转化体系。依托临沂市农业科学研究院，以"技术上先进、生产上可行、经济上核算"的原则，将农业专利、农产品贮运操作技术、物流标配箱及农产品精深加工技术转化为生产力，并在品牌建设实际操作中推广应用。

3.7　统筹"产自临沂"冷链物流体系

冷链体系建设是当前农产品流通渠道的短板。应加大对冷链基础设施及体系建设的投入，以农产品贮运标准与物流标配箱为基础，统筹谋划构思，制定品牌冷链物流体系规划并分步实施，建设由农产品基地到城市主干道到全省主要城市的冷链物流网络，解决"农产品上行难"问题，提升现代农业产业水平。

3.8　建立"产自临沂"农产品社区便利店经营体系

加大政府支持和管理的力度，搞好顶层设计，统一规划，合理布局。在市内，主要根据人口密集度和消费需求，规划好"产自临沂"农产品社区便利店的分布和数量；在市外，重点在北京、上海、南京、广州、深圳、大连、沈阳等临沂农产品主销城市规划建设"产自临沂"农产品旗舰店和社区便利店。遴选或组建有实力的农产品便利店连锁有限公司搞好品牌连锁经营，使之成"产自临沂"农产品宣传推介的平台、仓储配送的平台、市场销售的平台。完善便利店基础设施建设，搞好产品质量管控。利用"互联网+"，改纯粹的商品利润盈利模式为商品利润+服务利润的模式，突出便利性，提高"产自临沂"的知名度、美誉度。

发表于《临沂工作》，2018年第7期

农业品牌化推动区域经济发展研究报告[*]

周绪元　卢勇　解辉　孙伟　张永涛　周楷轩

摘　要：本文阐述了农业品牌化的内涵及农业品牌化与推动区域经济转型升级、供给侧结构性改革、提升地方形象的协同关系；提出了"全域形象品牌"的概念；明确了实行梯次推进、抓好宣传营销、强化科技创新、做大做强龙头企业、形成品牌创建合力等加快山东农业品牌化发展的路径和策略。

农业品牌化建设是实现农业现代化的核心标志和现实途径。2017年2月，《中共中央、国务院关于深入推进农业供给侧结构改革加快培育农业农村发展新动能的若干意见》，明确提出"推进区域农产品公用品牌建设，支持地方以优势企业和行业协会为依托打造区域特色品牌，引入现代要素改造提升传统名优品牌"的要求。为了积极贯彻落实这一要求，农业部已将2017年确定为"农业品牌推进年"；山东省第十一次党代会也把推进农业品牌化建设列为实行新旧动能转换、加快农业现代化发展的重要举措，推进山东农业品牌化建设进入了新的发展阶段。

1　农业品牌化及其与区域经济发展的协同关系

1.1　农业品牌化的内涵

农产品品牌化是农产品特色化、标准化、科技化的过程，凝聚着生产者的辛劳，管理者的智慧，营销者的情感，消费者的向往。狭义的农业品牌化就是农产品的品牌化，而广义的农业品牌化则是农业全区域、全品类、全产业链的品牌化，除农产品品牌化外，还包括农业投入品品牌化、农业服务的品牌化、休闲农业品牌

---

*　山东省软科学项目（编号：2016RKA13002）研究成果

化等。全域农业品牌化是一个系统工程，是将传统自然经济中的小农经济改造成现代农业市场经济中大规模商业性农业的过程，是农业经营面向市场提高溢价能力和竞争力的重要途径，是将自然优势、资源优势、产品优势转变成经济优势的重要途径，是农业规模化、标准化、产业化、科技化等落地的重要手段，是推动特色农业提升、区域经济发展的必然选择。加快农业品牌化建设，是实现山东农业大省向农业强省跨越的战略选择。

1.2　农业品牌化与区域经济发展的协同关系

农业品牌化与特色优势产业提升。特色优势产业是农业品牌化的基础，农业品牌化有利于农业特色产业的规模化和农业产业的调整，有利于特色优势产业提升和加快区域农业经济的发展。农业产业的发展取决于它的市场竞争力，市场竞争力又取决于农业产业有无特色优势，农业产业特色优势最终又落实到农业品牌化上。各地经验证明，农业品牌化与特色优势产业提升是相互促进协调发展的关系，是提高市场竞争力的重要措施。

农业品牌化与农业供给侧结构性改革。农业供给侧结构性改革的关键是通过提升价值链来提高农业经济增长质量和效益，达到与需求侧相适应的水平。农业价值链是农产品的研发、生产、品牌、营销、回收等价值环节构成的一系列价值活动的过程。品牌是农业价值链升级的核心环节，是引领农业供给侧改革、改造提升传统动能的重要抓手。农业产业发展目前不同程度上存在供给侧与需求侧不相适应的问题，农业的发展也要由生产的导向转变为市场导向和消费导向，品牌是消费者选择农产品的一个标志性指标，也是对农业提供产品的认可度。农业品牌化对推进农业供给侧结构性改革发挥了重要作用。

农业品牌化与农产品质量安全。习近平总书记曾经指出"要加强品牌建设，积极争创名牌，用品牌保证人们对产品质量的信心"，深刻阐明了农业品牌化与农产品质量安全的关系。要实现农业品牌化必须抓好农业标准化建设，整合区域品牌农产品标准，做到质量有标准，过程有规范，销售有标志，市场有检测。企业、合作社通过创品牌，倒逼产品质量安全水平提升。农业品牌化被赋予了既规范生产经营，又引导消费需求的双重责任。加快推进农业品牌建设，可增加绿色农产品供给，是政府管控农产品质量安全的重要抓手，是提升农产品质量，建立消费者信誉，确保需求侧消费安全的重要途径。

农业品牌化与一二三产业融合发展。农业品牌化可以促进多类型的产业融合方式发展，对加快农业结构调整、促进农业产业链延伸、开发农业多种功能、发展农业新型业态、加快建立现代农业产业体系等具有多重作用。农业品牌化促进多元化的农村产业融合主体培育，促进产业链和农户利益联结模式的创新。实践证明，农业品牌化是促进一二三产业的融合发展的重要路径，加快农业发展新旧动能转换的重要抓手，既解决了生鲜农产品打造品牌难的问题，又延长了产业链，培育壮大农业"新六产"，能够有力地促进农业农村经济的发展，给农民带来巨大的经济效益。

农业品牌化与增强地方经济实力及形象提升。农业品牌化具有促进地方经济和政府实现农业管理目标的独特功能。地方经济的发展和政府对农业的管理目标是保障消费者健康、农民增收、提高农业整体发展水平。农产品区域公用品牌反映一个地方农产品在国内外的整体形象和认知水平，塑造农产品区域公用品牌，能够有效提高农业企业提供优质安全产品的自觉性和积极性。通过农业品牌化的推进，能够带动区域经济整体升级，有力地促进地方经济的发展，同时也大大提升了地方形象。

2　农业品牌化的发展阶段与品牌架构模式

2.1　农业品牌化的发展阶段

综合分析全国各地农业品牌发展的历程，我们认为农业品牌化的发展需要经过三个阶段：一是奠定农业品牌基础发展阶段。该阶段主要是实施农业产业化，通过规模化、标准化、科技化等提高产量和品质，重点发展农业产业化龙头企业、开展农产品基地建设和农产品流通体系建设。二是特色优势农产品品牌发展阶段。该阶段主要是增强品牌意识，开展农产品品牌建设，将特色优势农产品打造成地理标志品牌，采取特色优势农产品区域公用品牌+企业产品品牌的模式，实现特色优势产业品牌化，培育一批农产品企业产品品牌。三是全域农业品牌化发展阶段。该阶段通过创建全域形象品牌，引领区域产业品牌、企业产品品牌发展，做大做强品牌农业，培育一批知名农产品品牌，实现一二三产业融合发展，实现全域农业品牌化。

2.2 农业品牌架构模式

母子品牌架构模式。农产品品牌与工业产品品牌不同，农产品具有鲜明的地域特色、文化特色等品牌元素，区域公用品牌是农产品的品牌特色。目前在特色优势农产品产业上，各地普遍采用"区域公用品牌+企业产品品牌"母子品牌架构。如烟台苹果、胶州大白菜、平邑金银花等品牌建设都采用了母子品牌架构模式。

农产品全域形象品牌模式。在一个较大的区域，特色资源丰富，产业门类多，没有一个占绝对优势的产业能够代表整个区域的农产品，这种情况下如何打造强势区域公用品牌成为地方政府品牌创建的一个重要课题，山东省进行了积极的实践探索。如山东省推出了"齐鲁灵秀地品牌农产品"省域农产品公用品牌；临沂市探索形成了包括"整体品牌形象、区域公用品牌、企业产品品牌"在内的"三牌同创"模式，推出了"产自临沂"农产品整体形象品牌；聊城市也推出了"聊·胜一筹"等市域农产品公用品牌。我们把这些全区域、全品类、全产业链的区域公用品牌称之为"全域形象品牌"。全域形象品牌在推进农业品牌化中具有重要作用。在提升特色优势农产品品牌方面，可在继承母子品牌架构的基础上发展为

"全域形象品牌+区域产业品牌+企业产品品牌"的"三牌协同架构"模式。

三牌协同架构模式。"全域形象品牌+区域产业品牌+企业产品品牌"的三牌协同架构模式,是对传统母子品牌架构模式的创新和发展。在模式运行中,应合理定位全域形象品牌、区域产业品牌、企业产品品牌的作用,达到相互促进、共同提升的效果。全域形象品牌与区域产业品牌都是区域公用品牌,既有共同点,也有不同点。共同点是区域内共有的、统一的,能够为企业产品品牌做形象背书,不能单独作为产品商标使用,只能和企业产品商标共同使用;不同点在于,全域形象品牌具有引领作用,能够覆盖整个地域,可以在很大程度上代表地方形象;区域产业品牌主要作用是背书,只能覆盖本产业的部分区域,可促进地方形象提升。因此,对全域形象品牌与区域产业品牌进行功能区分、合理定位是非常必要的。全域形象品牌作为引领,区域产业品牌作为背书,而企业产品品牌是最重要的主体,全域形象品牌和区域产业品牌,都是通过产品品牌来创造效益,一切都应为产品品牌来服务,因此需要三种品牌相互促进、相互支撑。

3 加快推进山东农业品牌化的路径和策略

立足山东省农业品牌化发展的实际,针对当前存在的农业品牌龙头企业实力不够强、品牌农产品特色不够鲜明、整合传播的力度不够大、社会各方的协同度不够高的问题,加快山东省农业品牌化必须从以下几个方面发力。

3.1 政府重视,梯次推进

品牌是推进农业产业转型升级、供给侧结构性改革、新旧动能转换的最好抓手,产业化、标准化、外向化、科技化等,最后都要通过品牌化来落地。应当进一步提高对农业品牌化重要性的认识,加大品牌战略的实施力度,把农业品牌化作为新旧动能转换重大工程的重要内容和率先实现农业现代化的重要举措来抓，真正做到省、市、县三级联动，政府、协会、企业三方联动，切实解决上头热、下面凉，政府热、企业凉的问题，让基层政府、龙头企业进入到农业品牌化战略中来，按照农业品牌化的发展阶段，循序渐进、梯次推进，制定切实可行的实施方案，采取有力措施认真抓好落实，积极稳妥推进农业品牌化进程。

3.2　搞好顶层设计，提升农产品品牌价值

搞好顶层设计是价值提升的基础。"好客山东"做得非常好，在全国旅游行业树立了一个典范，主要就是顶层设计得好。从农产品品牌价值构建来看，品牌价值的内涵主要有品种、品质、品位三个方面，外在表现集中体现在LOGO（标识、标志、徽标）设计上。挖掘农产品品牌价值，搞好农产品品牌规划，需要专业的人来干专业的事，做好文化挖掘、LOGO设计、广告语确定、营销传播等，确保一经推出即能引起轰动。山东省农业资源丰富、文化资源丰富，形成了一大批独具特色的地理标志农产品，今后要在创造差异化、挖掘文化价值、品质管控、诚信经营方面下功夫，讲好"哪里种的、怎么种的、谁来种的"农产品品牌故事；注意整合同一区域相同产品的区域产业品牌，避免小而散，形不成规模，组织有关协会和企业集中力量培育区域产业特色优势品牌，打造有影响力的知名农产品区域公用品牌、知名农产品企业品牌，提升山东省农产品品牌在国内外的美誉度、知名度。

3.3　推广"三牌协同"架构模式，优化区域公用品牌运营模式

充分发挥区域公用品牌作用，对于促进山东省农业品牌化建设具有重要意义。目前山东省除省里发布了"齐鲁灵秀地品牌农产品"整体形象品牌外，临沂、聊城、淄博、潍坊已相继发布了全市范围的全区域、全品类的农产品全域形象品牌，济宁、泰安等市也已聘请专业机构正在策划中。根据近几年实践和研究，我们认为实施"全域形象品牌+区域产业品牌+企业产品品牌"三牌协同架构

模式,是当前加快农业品牌化发展的最佳模式。该模式区域范围适宜,便于运作,可较好发挥产地特色优势,有利于调动市、县区、企业积极性。市级层面负责全域形象品牌打造,引领市域农业品牌化发展;县级层面负责区域产业品牌打造,支撑全域形象品牌提升,背书企业产品品牌创建;企业层面作为品牌建设的主体,负责产品品牌创建,在全域形象品牌、区域产业品牌的引领背书下加快发展。

3.4 抓好品牌农产品宣传营销,提升农产品品牌影响力

山东省区域公用品牌虽然很多,但在整合方面力度不够,存在小而散的问题。比如临沂茶叶只有7万~8万亩的种植面积,仅农业部地理标志农产品登记的就有沂蒙绿茶、莒南绿茶、临沭绿茶、沂水高山绿茶4个品种,每个品牌规模体量都很少,缺少整合,哪个品牌都打不响;在传播方面,缺乏统筹规划,各地多为碎片化的广告宣传,没有将电视媒体、平面媒体、新媒体统筹进行协同宣传。要进一步加大整合传播的力度,重点做好本地的传播和外地主销城市的传播,传播与营销紧密结合起来。在品牌农产品的营销上,建立完善营销体系,实行线上线下统筹,大力发展新业态,做好专卖店、专柜,同城配送,会员制、电子商务等营销。

同时,适应社会生活发展的新变化,结合全域旅游和电子商务,注重加强农产品品牌公众场所的宣传推介力度,通过制作形象宣传片、品牌推介刊物、产品宣传册、农业观光采摘路线图、多功能展示屏等,在机场和车站、宾馆和旅游景点、政府办公大楼和各类文化服务场地进行广泛宣传,宣传的产品可以在线咨询、购买,提高品牌农产品的知名度,拓展品牌农产品的营销渠道。要规划建设全域形象品牌农产品社区连锁店,加强冷链保鲜等基础设施建设,搞好合理布局和管理,使之成为地方品牌农产品宣传推介的平台、仓储配送的平台、市场销售的平台。

3.5　强化科技创新，为农业品牌化提供有力支撑

科技创新是农业品牌化的基本特征。大规模地应用现代农业科技成果是打造农产品知名品牌的动力和源泉。在农产品品牌化经营过程中，从种苗的培育到产品的生产，从农产品的加工、包装到销售，各个环节都需要相应的科技创新支持。

科技创新是农业品牌化的重要支撑。通过科技创新创造特色、提高品质、降低成本、树立诚信是提升农业企业品牌产品竞争力、价格竞争力、市场竞争力的有效途径。实施农业品牌化，必须建立科技投入、科技人才、科技平台、科技信息、科技产品"五位一体"品牌科技创新支撑体系。加强特色品种资源的保护利用与新品种的培育，培育出既保留原有产品的优良特性，还能够在口感、营养等方面满足消费者与时俱进的需求的优良品种。加强农产品保鲜加工的研究，建立生鲜农产品物流保鲜技术体系，对传统农产品进行加工工艺改进注入现代元素，对初级农产品进行精深加工研究，开展主要农产品高值化加工与综合利用关键技术与示范，形成一批农产品价值提升的关键技术和特色产品，满足消费者多元化的需求，提高品牌农产品的附加值。加强农业标准化技术研究，制定特色农产品分等分级标准，提高农产品品质。加强农产品质量安全追溯技术研究，建立品牌透明的农产品质量安全追溯体系。

3.6　加大农业品牌创建主体的扶持力度，做大做强龙头企业

从各地情况看，从事农产品产销的企业往往都是中小企业，经济实力比较差，创建农业品牌的龙头企业实力不够强。产品品牌或者说商品品牌是个薄弱环节，真正能够在全国叫得响的还很少。山东省的农产品区域公用品牌在2016年浙江大学CARD中国农业品牌研究中心开展的价值评估中进入百强的有20个，主要集中在果品、蔬菜、水产品等，应该说特色优势产业公用品牌建设成就是非常显著的，但在很多产业中具体产品的企业品牌、商品品牌真正知名度很高的还太少。如何做大做强品牌建设主体已成为当前加快农

业品牌化的重大瓶颈问题，只有品牌建设主体做强了，产品品牌才能做强。省里应出台行之有效的措施，加大扶持力度，加强指导服务，切实帮助解决企业品牌创建过程中遇到的问题。

3.7 政府、协会、企业协同，形成品牌创建合力

农业品牌化建设是一个系统工程，推进难度大，需要政府、协会、企业及社会各界的共同努力。当务之急是实施推进农业品牌化建设"三长工程"：即"政府行政首长、行业协会会长（或品牌运营公司董事长）和企业董事长"，三方缺一不可。作为政府，应发挥品牌建设的主导作用，发改、财政、质监、工商、科技、农业等部门各负其责，建立促进农业品牌化的政策体系，制定财政、金融扶持政策，完善科技创新服务体系，健全工作评价体系、诚信体系和奖惩体系，强化产业链营销体系建设，重视农业品牌人才的引进和培养，为农业品牌化发展保驾护航。作为行业协会，应发挥品牌建设的主办作用，要发挥行业组织、行业协调、行业服务、行业自律的职能，强化区域产业品牌建设，委托品牌运营公司来运作区域公用品牌，助力企业产品品牌建设。作为企业，应发挥品牌建设的主体作用，董事长要有做百年企业的长远意识，把培创品牌作为自觉行动，舍得在品牌上投资，落实品牌策划、品质管控、营销推介等各环节工作，发扬工匠精神，久久为功，做大做强企业产品品牌。

发表于《软科学研究》，2017年第9期

农业品牌化与区域经济发展的协同关系

周绪元[1]，张永涛[1]，张现增[1]，卢勇[2]，解辉[2]

（1.临沂市农业科学院，山东 临沂 276012；

2.临沂市农业局，山东 临沂 276001）

摘 要：农业品牌建设已成为我国现代农业发展的重大战略。文章阐述了农业品牌化的内涵及农业品牌化与推动区域经济转型升级、供给侧结构性改革、农产品质量安全、一二三产业融合发展、促进农民增收、提升地方形象的协同关系。

关键词：农业品牌；区域经济；产业融合；地方形象；协同关系

2015年以来，从中央到山东持续出台政策推进农业品牌建设。2015年2月中共中央、国务院出台一号文件《关于加大改革创新力度加快农业现代化建设的意见》，2015年8月国务院办公厅印发了《关于加快转变农业发展方式的意见》（国办发〔2015〕59号），2016年6月国务院办公厅印发了《关于发挥品牌引领作用推动供需结构升级的意见》（国办发〔2016〕44号），2017年2月中共中央、国务院发布一号文件《关于深入推进农业供给侧结构性改革 加快培育农业农村发展新动能的若干意见》；各级党委、政府都相继出台文件进行落实，强调了农业品牌战略的重要性，对实施品牌引领、加强农产品品牌建设提出了明确要求。农业品牌化已成为农业现代化的核心标志，农业品牌建设已成为我国现代农业发展的重大战略[1]。加快农业品牌化，对于推动区域经济转型升级、供

基金项目：山东省软科学研究计划项目"农业品牌化推动区域经济发展研究"（项目编号：2016RKA13002）部分研究成果

第一作者简介：周绪元，1963年出生，男，山东费县，大学本科学历，学士学位，研究员（二级），主要研究农业园区与农业品牌建设、蔬菜质量安全等

给侧结构性改革、农产品质量安全、一二三产业融合发展，促进农民增收、增强区域经济竞争力具有重要意义。

1 农业品牌化的内涵

品牌化是赋予产品和服务一种品牌所具有的能力，品牌化的根本是创造差别与众不同[2]。农产品品牌化是农产品特色化、标准化、科技化的过程，凝聚着生产者的辛劳、管理者的智慧、营销者的情感、消费者的向往[3]。2017年中央一号文件，首次提出"推进区域农产品公用品牌建设，支持地方以优势企业和行业协会为依托打造区域特色品牌，引入现代要素改造提升传统名优品牌"。农业部提出将2017年确定为农业品牌推进年，农业品牌化发展进入了一个新阶段。

农产品品牌，是基于农业生产与经营所产生的物质产品与服务体系、消费者对农产品的体验感知、品牌符号体系与意义生产等要素的系统生产、互动沟通、利益消费而形成的，独特的利益载体、价值系统与信用体系。农业品牌，不仅包括农产品品牌，也包括农业生产经营全产业链过程中出现的各种类型的品牌，如农业服务品牌、农业产业品牌、农业企业品牌、农业商业（流通）品牌、农业综合品牌等。农业综合品牌指从品种、品质、生产管理直至一二三产业联动经营的涉农品牌，具有其"从田头到餐桌""从生产到消费"一站式体系性服务的综合性品牌[4]。

狭义的农业品牌化就是指农产品的品牌化。广义的农业品牌化是农业全产业链、全区域的品牌化，除农产品品牌化外，还包括农业投入品品牌化、农业服务的品牌化、休闲农业品牌化等。全域农业品牌化是一个系统工程，是将传统自然经济中的小农经济改造成现代农业市场经济中大规模商业性农业的过程，是农业经营面向市场提高溢价能力和竞争力的重要途径，是将自然优势、资源优势、产品优势转变成经济优势的重要途径，是农业规模化、标准化、产业化、科技化等落地的重要手段，是推动特色农业提升、区

228

域经济发展的必然选择。加快农业品牌化，是实现山东农业大省向农业强省跨越的战略选择。

2　农业品牌化与区域经济发展的协同关系

2.1　农业品牌化与特色优势产业提升

特色优势产业是农业品牌化的基础，农业品牌化有利于农业特色产业的规模化和农业产业的结构调整，有利于特色优势产业提升和加快区域农业经济的发展。农业产业的发展取决于它的市场竞争力，市场竞争力又取决于农业产业有无特色优势，农业产业特色最终又落实到农业品牌化上。农业品牌化与特色优势产业提升是相互促进协调发展的关系，是提高市场竞争力的重要措施。

临沂市以农业品牌建设为依托，特色产业得到迅速壮大。莒南成为全国最大的优质花生生产基地、商品基地和出口贸易集散地，蒙阴成为全国最大的蜜桃基地，沂南成为全国鸭业第一县，兰陵蔬菜、郯城银杏、临沭柳编、河东脱水蔬菜、沂水生姜等产业规模稳步扩大，成为全国具有较高知名度的特色产业集群。特色产业的发展，促进了区域产业品牌的形成，目前全市培育了"苍山蔬菜""莒南花生""郯城银杏""费县核桃""蒙阴蜜桃""平邑金银花"等农产品区域公用品牌42个[5]。

2.2　农业品牌化与供给侧结构改革

2016年中央一号文件中指出"用发展新理念破解"三农"新难题，厚植农业农村发展优势，加大创新驱动力度，推进农业供给侧结构性改革"。农业供给侧结构性改革，就是围绕市场需求进行农业生产、优化农业资源配置，扩大农产品有效供给，增强供给结构的适应性和灵活性。

农业供给侧结构性改革的关键，是通过提升价值链来提高农业经济增长质量和效益，达到与需求侧相适应。农业价值链是农产品的研发、生产、品牌、营销、回收等价值环节构成的一系列价值活动的过程。品牌是农业价值链升级的核心环节，是引领农业走向价值链微笑曲线高端和引领农业供给侧改革的重要抓手。目前农业产业发展不同程度的存在供给侧与需求侧不相适应的问题，农业发展需要由生产导向转变为市场导向和消费导向，品牌是消费者认可某种农产品、选择某种农产品的一个标志。农业品牌化被赋予了既规范生产经营，又引导消费需求的双重责任，是建立消费者信誉，满足需求侧的重要途径。

多年来，各级政府围绕农业品牌建设进行了积极探索，初步形成了以标准化生产和质量认证为基础，以产销为促进和品牌推介为手段的农业品牌工作新机制，一大批具有地方特色的名、优、特新产品逐渐成长为具有较高知名度和较强市场竞争力的品牌。农业品牌化对推进农业供给侧结构改革发挥了重要作用，浙江丽水、山东临沂在农业品牌化引领供给侧结构改革方面创造了成功经验。

2.3 农业品牌化与农产品质量安全

习近平总书记在2014年中央农村工作会议上，提出了"要加强品牌建设，积极争创名牌，用品牌保证人们对产品质量的信心"的要求，深刻阐述了农业品牌化与确保农产品质量安全的关系。实现农业品牌化必须抓好农业标准化建设，整合区域品牌农产品标准，保证区域内各主体标准统一，充分利用先进科技，大力推行产地标识管理、产品条码制度，做到质量有标准，过程有规范，销售有标志，市场有检测，确保农产品的质量安全。企业、合作社通过创品牌，可以倒逼产品质量安全水平提升。"三品一标"作为政府主导的安全优质农产品公共品牌，在指导生产、规范经营、保障安全、满足消费有不可替代的作用，要充分发挥"三品一标"的引领作用。兰陵县凯华蔬菜产销专业合作社创建了"凯冠"品牌，合作社严格按绿色食标准要求实行"六统一"生产，先后投资40余万元建设了占地120平方米的检测服务站，配备了"农残"检测、土壤检测等仪器设备，开展无偿检测服务，免费培训社员掌握标准化生产技术，强化投入品监管，统一建立生产档案，实行产地准出和市场准入制度，确保产品质量可追溯，提升了企业品牌价值。目前"凯冠"品牌价值经浙江大学评估达到9.02亿元[6]。

2.4　农业品牌化与一二三产业融合发展

农业品牌化促进多类型的产业融合方式发展。加快农业结构调整、促进农业产业链的延伸、开发农业的多种功能、大力发展农业新型业态等方式，加快建立现代农业的产业体系。一是加快农业结构调整，推进农业的内部融合。二是促进农业产业链的延伸。加快农业由生产环节向产前、产后延伸，健全现代农产品市场体系，创新农产品流通和销售模式，加快推进市场流通体系与储运加工布局的有机衔接，增强对农民增收增效的带动能力。三是积极开发农业多种功能，顺应人们生活水平不断提高，推进农业与旅游、教育、文化与产业的深度融合，实现农业从单纯的生产向生态、生活功能的拓展，大力发展休闲农业、创意农业、农耕体验等产业。四是发展农业的新型业态，实施互联网+现代农业，大力发展农产品电子商务，完善配送及综合服务网络，推动科技、人文等元素融入农业。积极探索农产品个性化的定制服务、会展农业、农业众筹等新兴业态，加快农业品牌化的发展。

农业品牌化促进多元化的农村产业融合主体培育。要通过强化农民合作社和家庭农场的基础作用，支持龙头企业发挥引领示范作用，积极发展行业协会和产业联盟，鼓励社会资本投入，加快培育农村新兴经营主体，鼓励新型职业农民、务工经商返乡人员等领办合作社、兴办家庭农场，探索建立新型合作社的管理体系，拓展农民合作领域和服务内容，鼓励发展农产品加工和流通。

农业品牌化促进产业链和农户利益联结模式创新。围绕股份合作、订单合同的利益联结模式，鼓励农业龙头企业建立与农户风险共担的利益共同体。发展以土地林地为基础的各种合作形式，引导农业龙头企业创办或者入股合作社、合作组织，支持农民合作社入股或者兴办龙头企业，实现农业龙头企业与农民合作社深度融合，强化农业龙头企业"联农带农"的激励机制。

各地实践证明，农业品牌化是促进一二三产业的融合发展的重要路径，既解决了生鲜农产品打造品牌难的问题，又延长了产业链，能够有力地促进农业农村经济的发展，给农民带来巨大的经济效益。兰陵国家农业公园以蔬菜产业为主线，通过科技展示、创意农业、农耕文化、休闲娱乐等，实现了一二三产业的高度融合，成为全国绿色食品一二三产业融合的样板。

2.5　农业品牌化与增强地方经济实力及形象提升

农业品牌化是促进传统农业向现代农业转变的重要手段。推进农业品牌化工作，有利于促进农业生产标准化、经营产业化、产品市场化和服务社会化，加快农业增长方式由数量型、粗放型向质量型、效益型转变。农业品牌化，以市场为导向，以满足多样化、优质化消费为目标，引导土地、资金、技术、劳动力等生产要素向品牌产品优化配置，有利于推进资源优势向质量优势和效益优势转变，有利于推进农业结构调整和优化升级。

农业品牌化具有优化资源降低农业企业产品推介成本的作用，农业企业用品牌将农业企业和产品信息"打包"呈现给消费者，就能达到事半功倍和提高市场竞争力的效果。农业品牌化具有促进地方经济和政府实现农业管理目标的功能。地方经济的发展和政府对农业的管理目标是保障消费者健康、农民增收、提高农业整体发展水平。

农业品牌化能够提升地方形象。农产品地方品牌是一个地方农产品在国内外的整体形象和认知水平，塑造农产品地方品牌，能够有效提高农业企业提供优质安全产品的自觉性和积极性。通过农业品牌化的推进，能够带动区域经济整体启动，有力地促进地方经济的发展，同时也大大提升了地方形象。以临沂市为例，农业品牌化的实施，叫响了"生态沂蒙山优质农产品"，培育了主导产业，从而提高当地企业和农民的收入水平，促进当地经济的发展，提高了城市知名度。苍山蔬菜面积130.5万亩，总产379万吨，产值70.7亿元，全县农民收入的60%以上来自蔬菜；蒙阴蜜桃种植面积为65万亩，年产量约10亿千克，当地农民的年收入绝大多数来自蜜桃产业；"平邑金银花"的年产值为22亿元，成为当地农民增收和地方政府税收的重要来源。

参考文献

［1］张玉香.牢牢把握以品牌化助力现代农业的重要机遇期[J].农业经济问题，2014（5）：4-7.

［2］杨春柏.农产品品牌化与农业产业升级的关系研究[J].农业经济，2012（11）：109-111.

［3］冯德连.以品牌战略为抓手引领安徽农业供给侧改革[N].安徽日报，2017-03-17.

［4］胡晓云."品牌"定义新论[J].品牌，2016（2）：26-32.

［5］周绪元，王梁，苗鹏飞，等.沂蒙特色农产品区域公用品牌构建模式与提升策略探讨[J].江西农业学报，2016（9）：107-111.

［6］周绪元.凯华蔬菜产销合作社"凯冠"品牌创建的实践与思考[C].聚焦供给侧结构性改革加快农业转型升级.济南：山东科技出版社，2017.

发表于《经济管理》，2017年第6期

兰陵县凯华蔬菜产销专业合作社"凯冠"品牌创建的实践与思考

周绪元

蔬菜作为生鲜产品创建品牌难度很大，多数合作社经济实力较差创建蔬菜品牌更是困难，但随着城乡居民生活水平提高、新型消费业态的出现及供给侧结构改革的推进，合作社创建品牌已是大势所趋。为总结合作社蔬菜品牌创建的经验，找出存在问题，作者对兰陵县凯华蔬菜产销专业合作社（以下简称凯华合作社）"凯冠"品牌进行了调研，以期对合作社做大做强蔬菜品牌提供借鉴和参考。

1 凯华合作社及"凯冠"品牌创建情况

凯华合作社成立于2007年10月，位于兰陵城西向城镇，该镇是兰陵县重点蔬菜产销乡镇，周边有30万亩优质大棚蔬菜种植基地，年产蔬菜15亿千克，是"苍山蔬菜"的核心区。合作社创办于2006年10月，主要从事蔬菜种植销售、保鲜冷藏，同时开展技术引进、品种引进及与农业生产经营有关的技术培训、技术交流和信息咨询服务。目前，合作社拥有社员3 800户，分别来自10个乡镇的86个村庄，社员入股总金额1 800.78万元；拥有自有蔬菜种植基地600亩，蔬菜交易大棚1万平方米，冷藏库2 000平方米。

凯华合作社于2010年3月注册了"凯冠"商标，聘请专业人员设计了"LOGO"，策划了品牌口号"凯华蔬菜 安全之冠"，自行设计了包装，建立了检测室，获得了绿色食品认证，开展了营销推介。目前。"凯冠"蔬菜已销售到10个省市20多个地级城市，年销售额14亿元，在"长三角""珠三角"地区具有较高的知名度。在2015年临沂市委托浙江大学CARD中国农业品牌研究中心对全市农产品企业产品品牌进行了价值评估中,"凯冠"品牌价值为9.02亿元,位居临沂市所有参加评估的合作社产品品牌价值第一名。

2　"凯冠"品牌创建的经验与不足

2.1　主要经验

2.1.1　树立品牌营销的理念

　　凯华合作社一成立就按照品牌营销来运作,以品牌引领合作社的发展壮大。注册商标后,委托专业机构设计了"LOGO"及广告语,为品牌创建打下了基础。在品牌营销中,采用"苍山蔬菜+凯冠"的母子品牌模式,利用"苍山蔬菜"区域公用品牌的知名度、影响力提升"凯冠"品牌的形象。在营销中,把诚信经营作为培创品牌的根本来抓。2012年春季的一天上海七宝市场采购了2万千克黄瓜,当时为了便于运输,收购时直接用了合作社统一发放给菜农的菜篮,没再进行一篮篮检查,到达上海市场后他们发现有1 000千克左右的黄瓜在长度和粗度上没有达到相应的要求,合作社当即决定这1 000千克黄瓜一分钱不收,并专程道歉,赢得了该客户对"凯冠"品牌蔬菜的信任。

2.1.2　强化种植环节服务,与社员合作共赢

　　为确保蔬菜产品货源质量稳定,合作社与社员密切合作,提供全方位的种植服务。为减轻社员投入压力,合作社通过1 000元/亩流转农民土地,再以800元/亩的价格承包给农民。合作社出资建大棚,修建好水、电、路等所有配套设施,农民可以先承包大棚,2~3年后再支付大棚的建设费用。同时合作社建立了蔬菜发展基金,每年数额不低于600万元,无息帮助在种植上遇到困难的社员。对蔬菜实行保护价收购。2008年大白菜开始时价格为每千克0.8元,但是后来跌到0.06元、0.08元,他们仍然按照定好的每千克0.3元的保护价,将农民的大白菜全部收购存入冷库。及时调研市场,加强技术指导。每年淡季,合作社都会派出6~10名工作人

员，在全国各大蔬菜市场了解蔬菜品种的需求情况，根据需求调节种植。农民们有了自己的大棚后，合作社会经常组织培训，推介适销对路的蔬菜品种。合作社还聘请了10名技术人员，根据农作物的生长情况给农民进行技术培训，并在农民有需求时随叫随到。

2.1.3 严格质量安全管控

合作社始终把产品质量作为品牌创建的核心和生命。为了确保合作社的产品质量，合作社严格按绿色食品标准要求实行"六统一"生产，即统一规划布局、统一生产管理、统一农资供应、统一技术服务、统一储藏加工、统一市场销售。合作社先后投资40余万元建设了占地120平方米的检测服务站，配备了"农残"检测、土壤检测等仪器设备；培训了专职检测工作人员，开展无偿检测服务。投资80余万元建设社员科技培训中心一处，专门培训社员掌握标准化生产技术。强化投入品监管和质量追溯，合作社实行农药及肥料由合作社统一配给，创办了种子、农药、肥料等主要农业投入品的"统购分销服务部"。统一建立生产档案，确保产品质量可追溯。同时，实行产品产地准出和自有市场准入制度，加强进入自己市场的农产品质量安全检测，保证不合格的农产品不流出兰陵县。

2.1.4 加大市场开拓力度

合作社投资1 100万元创办了华凯蔬菜批发市场，建设交易场所4万平方米，蔬菜保鲜库17座，配备了冷链物流车辆、普通运输车辆，实现了常年全天候交易服务；夏季对外运蔬菜进行预冷。合作社与上海、南京、苏州、北京、武汉、合肥、天津、沈阳等十多个大城市和20余个中小城市的蔬菜批发市场、大型超市建立了稳固的直销关系，180家客商常年经销合作社的品牌蔬菜。目前，合作社市场已成为兰陵县上市量和交易量最大、秩序最好的市场，被评为省级规范化文明市场。多年来，合作社在产品的销售上采取"走出去、请进来"的方式，借助"苍山蔬菜"品牌的知名度，不断加大节庆活动、推介会、展会、广播、电视、网络、报刊等媒体对

"凯冠"品牌的宣传力度,"凯冠"蔬菜的销售量每年以20%的速度递增。

2.2　存在问题

调研中,作者发现了凯华合作社在"凯冠"蔬菜品牌创建方面存在的不足,主要有以下几个方面。一是采后商品化处理落后。虽然合作社建立了冷库,也只是在夏季对远途运输的蔬菜进行预冷,缺乏对蔬菜的清洗、整理、分级及小包装,产品附加值较低。二是品牌价值的挖掘及整合传播不够。未能充分利用历史文脉资源、生态环境资源等提升"凯冠"品牌价值,宣传推介力度小,广告宣传"碎片化",市场认知度还不够高。三是高端市场开发欠缺。目前产品大都通过批发市场销售,未能以品牌消费包装进入终端消费者,直接进入大型超市、专卖店、电商平台的产品数量很少。

3　对合作社做大做强蔬菜品牌的几点思考

3.1　增强合作社的经济实力是蔬菜品牌创建的关键

凯华合作社之所以能把品牌做起来,首先是合作社规模大,经济实力比较强,他们有自己的市场及配套的冷库、车辆等,又具备资金、技术等服务的能力。现在多数合作社规模小,缺乏实力。因此,合作社创建品牌,必须加强合作社的培育,规范合作社的运行机制和利益机制,加大扶持力度,壮大合作社的实力。

3.2　搞好顶层设计是蔬菜品牌创建的基础

品牌创建是一个系统工程,品牌名称、价值塑造、标识、口号、包装等是品牌创建的基础。目前许多合作社属于盲目创品牌,劳心费力,成效了了。在品牌创建前,必须找专业的机构或人员进行顶层设计,挖掘文化资源、产品特色等,创建具有自己特色的蔬菜品牌。要充分利用当地的区域公用品牌,采取"区域公用品牌+合作社产品品牌"的母子品牌模式,发挥区域公用品牌的背书作用，加快合作社产品品牌的培育速度。

3.3 开展商品化处理和全程冷链物流是蔬菜品牌创建的保障

蔬菜是鲜活农产品，低值易腐，不耐储运，增强了品牌创建的难度。创建生鲜蔬菜品牌，必须对蔬菜进行清洗、分级、包装、预冷、冷链运输等，这就要求加大投入，建设保鲜库、商品化处理设备、冷藏车等基础设施，为品牌创建提供支撑。

3.4 抓好基地建设和质量管控是蔬菜品牌创建的核心

品牌的核心是品质，没有品质的保证就无从谈品牌。凯华合作社品牌创建的一个重要经验就是注重从基地做起，搞好全程质量控制。在品牌创建中，要突出抓好质量安全体系的建立、标准化技术的应用、投入品的监管、质量检测和产品准入，确保蔬菜产品质量优良、稳定。

3.5 加强品牌产品的宣传推介是蔬菜品牌创建的手段

要提高品牌知名度，扩大品牌影响，宣传推介非常重要。要解决广告宣传"碎片化"的问题，充分利用广播电视媒体、报纸传媒、户外广告及电商、微信等新媒体，制定整合传播方案，提供传播效果。同时要利用好各类博览会、交易会及节庆活动等，加大宣传的力度。

3.6 强化市场营销是蔬菜品牌创建的重点

凯华合作社非常注重市场营销，品牌创建成效显著。蔬菜品牌创建要把市场营销作为重中之重，要适应当前供给侧结构改革的新形势，建立营销队伍，研究营销策略，瞄准大中城市中高端市场，积极与大型连锁超市、专卖店、电商平台等对接，开展直销、团购、会员制、同城配送等，完善营销渠道和网络，加大市场开拓的力度，扩大品牌产品的市场占有率。

发表于《聚焦供给侧结构性改革　加快农业转型升级——2016年山东省农业专家顾问团论文选编》，山东科学技术出版社，2017年

"临沂模式"，成就优质沂蒙农产品

周绪元　苗鹏飞　卢勇　赵文飞

近年来，临沂市强力推进优质农产品基地品牌建设，通过抓宣传、定规划、搞示范、建基地、创品牌、拓市场、增投入，使全市优质农产品基地品牌有了快速发展。

目前，全市优质农产品基地面积达到563.23万亩，优质农产品产业园区达到183个；蔬菜、食用菌、果品、茶叶等菜篮子产品的"三化率"达到53%。同时，产业聚集度也越来越高。以农业品牌建设为依托，各县区都形成了自己的拳头产业。莒南成为全国最大的优质花生生产基地、商品基地和出口贸易集散地；蒙阴成为全国最大的蜜桃基地；沂南成为全国鸭业第一县；苍山蔬菜、平邑罐头等产业规模稳步扩大，成为全国具有较高知名度的产业聚集地。目前，全市注册农产品商标4 903个，其中驰名商标8件，山东省著名商标62件。"生态沂蒙山优质农产品"在全国叫响，培育了"苍山蔬菜""莒南花生""孙祖"有机小米等农产品区域公用品牌42个、有影响力的企业产品品牌98个，比普通农产品的销售价格提高了20%以上。

经过几年的探索与实践，临沂市在农产品品牌创建上，形成了"临沂模式"——三牌给力，在品牌培育过程中，发挥区域形象品牌、区域公用品牌、企业产品品牌的联动作用；三方合力，农业品牌建设离不开政府、协会和企业三方的密切配合，政府是引导者，协会是助推器，企业是主体；五环聚力，充分发挥基地、产品质量、文化创意、推介活动和市场推广在品牌形成过程中的作用。在2014年全国区域公用品牌价值评估中，"苍山大蒜""蒙阴蜜桃""沂南黄瓜""临沭柳编"品牌价值分别为47.19亿元、36.18亿元、23.79亿元、17.83亿元，为16位、25位、48位、74位；"蒙阴蜜桃""双堠西瓜"2012年荣获最受消费者欢迎的中国农产品区域公用百强品牌。

1 三牌给力，铸就品牌形象

临沂市在品牌培育中，注重区域形象品牌、区域公用品牌、企业产品品牌三牌相互支撑、相互促进作用，将区域形象品牌作为概念，区域公用品牌作为母品牌，企业产品品牌作为子品牌，三种品牌，共同提升。

在沂蒙优质农产品区域概念的引领下，培育一批强势的企业农产品品牌，支撑一批强势的农产品区域公用品牌；每个区域公用农产品品牌，重点培育2~3个在国内同类产品中质量处于领先地位、市场占有率和知名度居行业前列、消费者满意程度高、经济效益好、有较强市场竞争力的企业产品旗舰品牌。同时，区域公用品牌、企业产品品牌知名度的提高，又进一步提升了特色鲜明、富有魅力的"沂蒙优质农产品"的区域形象品牌。

2013年，全市确定了40个区域公用品牌、80个企业产品品牌，作为2013—2015年全市重点培育的沂蒙优质农产品品牌进行打造。2014年3月，组织40个区域品牌参加了农业部优农中心和中国农业品牌研究中心组织的农产品区域品牌价值评估活动；6月，通过相关部门的积极协调，兰陵县与浙江大学中国农业品牌研究中心合作开展"苍山蔬菜"品牌规划。对重点培育品牌，临沂市在媒体上优先宣传、广告，支持制定品牌建设规划、开展品牌创意、营销推介等工作，做大做强一批区域公用品牌和产品品牌。目前，临沂市围绕"生态沂蒙山、优质农产品"这一主题，依托沂蒙优质农产品良好的内在质量、丰富的文化元素、日益增强的品牌影响力和市场美誉度，全力打造了"沂蒙优质农产品"概念，"生态沂蒙山、优质农产品"的品牌影响力显著增强。

2　三方合力，绘就发展蓝图

农业品牌建设离不开政府、协会和企业三方的密切配合，政府是引导者，协会是助推器，企业是主体。临沂市合理配置资源，三方找准定位，各司其职，建立了高效的品牌建设机制，实现了1+1+1大于3的效应。

积极发挥政府培育品牌的引导和扶持作用。首先，市县两级均出台了基地品牌建设意见、规划、扶持奖励、督导考核等文件，成立了领导小组、组织办事机构等。其次，发挥财政扶持资金作用。2010—2014年共安排7 673万元用于全市优质农产品基地品牌创建工作。重点扶持基地建设、品牌设计、品牌宣传与营销、开展无公害农产品、绿色食品、有机农产品和国家地理标志商标认证，提升和推介品牌，扩大品牌效应。此外，多次举办交流活动，推动品牌建设快速发展。市委、市政府连续五年组织了高规格的全市优质农产品基地品牌建设现场观摩交流会，相互观摩交流各地基地品牌建设的亮点。

充分发挥协会品牌整合、行业自律的作用。临沂市近年来成立了市级有机农产品协会、绿色食品协会、茶叶协会、金银花协会、畜牧业协会、渔业协会等，以协会为主体，强化区域农产品品牌的开发、宣传推介和保护，积极拓宽品牌农产品的营销渠道。同时，协会还在品牌产品标准制定、品牌管理等方面提供了指导等。例如市有机农产品协会注册了集体商标，建立了自己的网站，集中宣传、报道沂蒙优质农产品，主打"生态沂蒙山，优质农产品"品牌，及时发布行业资讯，更新专家论坛，推介名优农产品品牌等，极大地提高了沂蒙优质农产品整体品牌和会员的企业品牌影响力。

突出企业产品品牌创建的主体地位。加强对企业或合作社等品牌建设主体的培训，增强了企业的品牌意识，强化了品牌定位、品牌创意、宣传推介、品牌保护等方面的能力。临沂市通过政策、资金、项目等途径，对品牌创建给予扶持。

3 五环聚力，开拓营销市场

农产品品牌的创建，是一个系统工程，质量是基础，文化是灵魂，市场是关键，需要生产基地、产品质量、文化创意、活动推广、市场开拓等全方位工作的支撑，均衡发展。临沂市在打造农产品品牌的过程中，从以上五个方面发力，让农产品品牌更加饱满，持续发展。

3.1 用基地载体创建品牌

临沂市坚持以基地建设为载体，通过大力推进以经营规模化、生产标准化、营销品牌化"三化"为主要内容的基地园区建设，扎扎实实提升产品品牌知名度。临沂市先后制定了优质农产品基地建设标准、优质农产品产业园区建设标准、有影响力的农产品品牌创建标准、标准化生产技术规程等"三化"系列标准。对原有基地进行了改造提升，进一步完善园区水、电、路等基础设施，加快资金、技术、管理等各类要素的整合，强力推进优质农产品基地园区创建。目前，全市建成了罗庄区高都街道效峰菌业杏鲍菇工厂化基地，兰陵县现代农业示范园、沂水县上古村矮砧密植苹果基地，沂南县青驼镇金锣牧业养猪基地等一批现代农业示范基地。依托基地建设，积极开展三品一标认证，加大商标认证和培育。

3.2 用质量安全保护品牌

质量是农业品牌的生命线，临沂市坚持以农产品质量安全来保护优质农产品品牌，以优质农产品品牌建设来提高农产品质量安全水平，提升人们对产品质量的信心。积极实施"农业标准化推广体系、农产品质量监测体系、农产品标准体系及实施体系"建设，在山东省率先提出了争创全国农产品质量安全放心市的目标。积极开展技术规程制定，推广本地名优农产品的地方质量规范和操作规程，加大无公害农产品、绿色食品、有机农产品和地理标志农产品认证。临沂市农产品质量安全例行监测合格率一直稳定在98%以

242

上，高于全国平均水平。全市建成市、县、乡镇、基地（批发市场）4级农产品质量安全检测网络，市及全市12县区已经实现农产品质量检测中心（站）建设项目全覆盖；有9个县区成功创建"山东省出口农产品质量安全示范区"，3个县区成功创建"国家级出口农产品食品质量安全示范区"；成立农产品标准联盟8个，制定联盟标准14项；发布兰陵大棚蔬菜种植、莒南茶叶栽培等地方标准150余项，其中，省级地方标准14项，市级农业规范140余项。临沂市农产品质量安全工作在省农业厅考核中位居前列。

3.3 用文化创意包装品牌

"沂蒙"是一个具有独特地理地貌特点和文化传承特征的地域概念。特别是随着"大美临沂"建设和《沂蒙六姐妹》《沂蒙》《蒙山沂水》等红色影视剧的公映热播，红色文化享誉全国。在农产品品牌创建中，注重以文化的软实力打造品牌，强化优质农产品的"沂蒙特色"，以文化包装产品、提升品牌、增加附加值，提高农业品牌的文化魅力和市场竞争力。如沂蒙红嫂食品有限公司和沂蒙六姐妹食品有限公司，坚持用沂蒙文化塑造企业、打造品牌等。据不完全统计，全市注册沂蒙特色品牌商标896件。其中，体现红色文化的"沂蒙""沂蒙老区""孟良崮""红嫂""六姐妹"等商标品牌714件；体现沂蒙地域特色的"沂蒙山""蒙山""沂州""沂河""兰陵""琅琊"等商标品牌93件；体现历史文化的"羲之""诸葛亮""算圣""王祥"等商标品牌89件。

3.4 以推介活动提升品牌

在品牌宣传方面，临沂市主要做了以下四个方面的工作。

利用媒体对优质农产品整体品牌形象和产品品牌形象捆绑打包进行宣传。从2010年11月起，利用媒体率先在全国开展优质农产品整体品牌形象和产品品牌形象捆绑打包宣传，在财政主导的基础上，多渠道筹措宣传资金，尤其是调动企业的积极性，积极参与宣传投入。聘请CCTV-7策划导演，高水平制作了15分钟的宣传片

《谁不说俺沂蒙好》，重点宣传临沂最具优势的农业产业和品牌，在淘宝网特色中国——临沂馆、优酷网及有关网站进行宣传，以及在各类农产品博览会、交易会展厅进行播放。

开展节庆活动宣传推介品牌。注重农业品牌与文化、节庆活动相融合，举办好具有当地特色、体现产品优势的农业节庆活动。如河东区举办草莓节、沂州海棠节，兰山区、蒙阴县分别举办桃花节，平邑县举办中国金银花节，莒南县举办"沂蒙玉芽"茶文化节等。

组织开展沂蒙优质农产品宣传推介暨十佳品牌、知名品牌评选表彰活动。2010—2012年连续三年组织开展沂蒙优质农产品宣传推介暨十佳品牌、知名品牌评选表彰活动。

积极举办和组织参加各类博览会、交易会。组织参加了在新加坡、中国香港、北京等地举办的国际国内博览会、交易会，临沂市每年举办一次沂蒙优质农产品精品展。2013年、2014年市政府连续两年举办了沂蒙优质农产品交易会，均取得了良好效果。2012年9月借助第十届中国国际农产品交易会举办了沂蒙优质农产品北京推介活动。通过这些活动，进一步强化了沂蒙优质农产品品牌宣传推介，叫响了"生态沂蒙山、优质农产品"的口号，打造了沂蒙优质农产品整体品牌形象。

3.5　用市场开拓壮大品牌

临沂市通过宣传推介、产销对接、现代方式营销多措并举，积极推进培育大品牌、开展大营销活动，建立并完善沂蒙优质农产品营销网络，全面开拓批零市场、商超、电商、出口国外"四个市场"。

一是做好主销城市市场开拓。加大对北京、上海、济南、青岛等临沂市农产品主销城市市场开拓的力度，于2013年7月，在北京新发地农产品国际会展中心举办了"2013苍山蔬菜北京推介会"，2013年8月在上海举办了蒙阴蜜桃产销对接会，推进了临沂农产品生产基地与主销城市大市场的对接，提高农产品在主销城市市场的占有率。

二是推进沂蒙优质农产品进大城市、大超市、大社区等高端市场的三进工作。大力推行"龙头企业（合作组织）+基地+品牌+超市"以及专卖店、专柜、贵宾配送卡等直销模式。在省内有关城市繁华地段，大型连锁超市、市内3A级以上旅游景点和三星级以上宾馆设立沂蒙优质农产品专卖店或专柜，并给予奖补，扩大了沂蒙优质农产品的销售和品牌影响。支持各县区及有关企业走出去，与主销区建立战略合作关系、设立销售办事处。2012年11月，沂蒙优质农产品专卖店济南旗舰店正式开业，引起轰动；2013年1月，沂蒙优质农产品直供北京社区直通车启动，在北京市"96156·百市千店社区直通车"上设立沂蒙优质农产品专区。

三是充分发挥山东沂蒙优质农产品交易中心作用，大力发展市场物流和电子商务。山东沂蒙优质农产品交易中心与国内众多大型批发市场建立了合作关系，架起了临沂市蔬菜合作社联合社、临沂市果品合作社联合社与城市市民菜篮子的桥梁。积极发展农产品电子商务，由沂蒙优质农产品交易中心和淘宝网合作组建的淘宝网"特色中国·临沂馆"2013年11月1日正式上线运行，2014年3月"特色中国·临沂馆"正式开馆，目前入驻临沂馆的分销店铺300家，共有260个品类、2 000多种产品。蒙园牌蜂蜜在淘宝网的销售量占到同行业的前三名；2014年蒙阴蜜桃登陆淘宝首页焦点，产品销往全国各地，在全国产生较大影响，城市知名度和蒙阴蜜桃品牌知名度显著提升，仅7天时间，4款蜜桃卖出25 000单，销售额达200多万元。

发表于《品牌农业与市场》，2015年第3期